JIBING
疾病诊治原色图谱

羊病诊治

原色图谱

陈怀涛◎编
冯大刚◎审

U0379857

机械工业出版社
CHINA MACHINE PRESS

本书内容包括羊的主要传染病、寄生虫病、普通病与肿瘤病等83种，除对每种疾病的病原、流行特点、临床症状、剖检病变、诊断、预防、治疗、诊治注意事项进行简要叙述外，还附有病原、症状和病理变化图片208幅。

　　本书内容简明扼要、图文并茂、科学实用，可供养羊户、基层畜牧兽医工作者、肉食品卫生检验人员学习使用，也可供农业院校相关专业师生参考。

图书在版编目（CIP）数据

羊病诊治原色图谱/陈怀涛编. —北京：机械工业出版社，2017. 3（2021. 5 重印）

（疾病诊治原色图谱）

　ISBN 978-7-111-55654-1

Ⅰ. ①羊…　Ⅱ. ①陈…　Ⅲ. ①羊病 – 诊疗 – 图谱　Ⅳ. ①S858. 26 – 64

中国版本图书馆 CIP 数据核字（2016）第 302739 号

机械工业出版社（北京市百万庄大街 22 号　邮政编码 100037）

策划编辑：周晓伟　郎　峰　　责任编辑：周晓伟　郎　峰　张　建

责任校对：王　欣　　　　　　责任印制：孙　炜

北京利丰雅高长城印刷有限公司印刷

2021 年 5 月第 1 版第 5 次印刷

148mm×210mm · 4. 625 印张 · 136 千字

标准书号：ISBN 978-7-111-55654-1

定价：35. 00 元

 前　言

　　随着我国畜牧业的快速发展，羊的饲养数量不断增加。养羊业的主要问题除饲养管理外，疾病的诊治也是其中之一。为了帮助基层畜牧兽医工作者和养羊从业人员掌握羊病的诊断与防治技术，我们根据我国羊病流行的实际情况编写了本书。

　　本书选取了羊的83种常见疾病，包括传染病、寄生虫病、普通病与肿瘤病。每种疾病都介绍了病原、流行特点、临床症状、剖检病变、诊断、预防、治疗、诊治注意事项，并且配有相应的图片，图文并茂，便于读者掌握和应用。

　　需要特别说明的是，本书所用药物及其使用剂量仅供读者参考，不可照搬。在生产实际中，所用药物学名、常用名与实际商品名称有差异，药物浓度也有所不同，建议读者在使用每一种药物之前，参阅厂家提供的产品说明以确认药物用量、用药方法、用药时间及禁忌等。购买兽药时，执业兽医有责任根据经验和对患病动物的了解决定用药量及选择最佳治疗方案。

　　本书参考了国内外专家和学者的相关资料。本书中的图片是由国内外相关专家不吝提供的。冯大刚教授为本书做了严谨、细致的审校工作。在此，向所有为本书的编写做出贡献的专家和学者表示感谢。

　　由于时间仓促，加之编者水平有限，书中错误之处在所难免，恳请广大读者批评指正。

编　者

目　录

前言

1　第一章　传染病

64　第二章　寄生虫病

94 第三章　普通病与肿瘤病

138 附录　常见计量单位名称与符号对照表

139 参考文献

传 染 病

👉 一、炭 疽 👉

炭疽是由炭疽杆菌引起的一种人兽共患的急性、热性、败血性传染病，羊多为最急性经过。

【病原】 炭疽杆菌为有荚膜的两端平截的革兰氏阳性大杆菌，在动物组织或血液中常单在或 2～5 个相连成短链，相连端平截，似竹节状，有厚层荚膜。其在暴露于空气中的适宜条件下可形成芽孢。芽孢位于菌体中央或稍偏一端，呈椭圆形或圆形，不大于菌体（图 1-1）。

【流行特点】 人、畜均可感染，羊最易感，多发生于夏、秋季。

【临床症状】 突然发病死亡，常无症状，或仅见走路摇摆、战栗、呼吸困难，最后倒地痉挛死亡。

【剖检病变】 尸体迅速腐败，腹部高度膨胀，天然孔出血，血凝不良呈煤焦油样，尸僵不全。也可见脾肿大、质软，内脏浆膜出血，皮下胶样水肿，肾有出血性坏死灶等（图 1-2）。

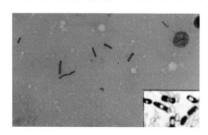

图 1-1 炭疽杆菌的形态（右下角插图为有芽孢的菌体）（Wright × 1000）（胡永浩）

图 1-2 败血脾：脾肿大、柔软，切面呈紫黑色，结构模糊（Mouwen J M V M 等）

【诊断】　根据临床症状和尸体变化，如怀疑患有本病，应立即采血检查炭疽杆菌以做出诊断。发现典型炭疽杆菌时应禁止剖检，因其在体外可形成抵抗力很强的芽孢。如有条件，也可进行细菌分离和阿斯科利（Ascoli）沉淀实验。

【预防】　每年应做好预防接种。使用的疫苗有两种：一种是无毒炭疽芽孢苗，仅用于绵羊（对山羊毒力较强，不宜使用），每只皮下注射0.5毫升；另一种是Ⅱ号炭疽芽孢苗，山羊和绵羊均可用，每只皮下注射1毫升。当有炭疽发生时，应及时隔离病羊，对污染的用具、羊舍和地面等立即用10%氢氧化钠溶液或20%漂白粉混悬液连续消毒3次，每次间隔1小时。对同群未发病羊，用青霉素连续注射3天，有预防作用。

【治疗】　羊炭疽病程短，常来不及治疗，对病程稍缓慢的病羊可用特异血清或抗生素治疗，两者结合应用疗效更好。磺胺类药物也有一定效果。

（1）抗炭疽血清　每只30～60毫升，静脉注射，必要时间隔12小时再注射1次。

（2）青霉素　第一次用320万单位，肌内注射，以后每隔6小时用160万单位肌内注射，连用2～3天。

（3）硫酸链霉素　10～15毫克/千克体重，肌内注射，每天2次，用到体温降至常温时再连续用药2～3天。

（4）磺胺嘧啶　0.1～0.2克/千克体重，每天分2次，内服，连用2～3天。

【诊治注意事项】　羊炭疽与一些急性传染病症状相似，应注意鉴别（见表1-1）。由于羊炭疽一般呈急性，因此，一旦怀疑本病应迅速采取防治措施。

表1-1　羊炭疽与几种急性传染病的鉴别要点

病名	病原	多发年龄	多发季节	主要临床症状	主要剖检病变
炭疽	炭疽杆菌	成年	夏、秋季	多突然死亡	天然孔出血,血凝不良,脾肿大,尸僵不全
巴氏杆菌病	巴氏杆菌	幼龄绵羊	冬末、早春	高热、流鼻液、呼吸促迫	多发性出血,水肿,出血性或纤维素性肺炎
羔羊大肠杆菌病	大肠杆菌	2日龄至6周龄	冬、春季	腹泻	卡他性或出血性胃肠炎,关节炎

（续）

病名	病原	多发年龄	多发季节	主要临床症状	主要剖检病变
链球菌病	马链球菌兽疫亚种	各种年龄	冬、春季	发热、呼吸困难	咽喉部水肿，浆液-纤维素性肺炎，有引缕状渗出物
羊快疫	腐败梭菌	6～18月龄	秋末、冬季	突然死亡	出血性皱胃炎，浆膜腔积液，颈、胸部皮下水肿
羊猝狙	C型产气荚膜梭菌	1～2岁	冬末、春季	突然死亡	出血-坏死性小肠炎，浆液-纤维素性腹膜炎
羊肠毒血症	D型产气荚膜梭菌	2～12月龄	春末、夏初和秋季	突然死亡、腹泻	软肾，出血性小肠炎，对称性脑软化
羊黑疫	B型诺维氏梭菌	2～4岁	春、夏季	突然死亡	肝坏死灶，皮下瘀血，胸、腹下与股内侧皮下胶样水肿
羔羊痢疾	B型产气荚膜梭菌	1～7日龄	冬、春季	腹泻	出血性或出血-坏死性肠炎

二、巴氏杆菌病

巴氏杆菌病主要是由多杀性巴氏杆菌引起的各种畜、禽的一种传染病，在绵羊个体上主要表现为败血症和肺炎。

【病原】　多杀性巴氏杆菌为革兰氏阴性、两端钝圆、中间微凸的短小杆菌。病羊组织或血液涂片，瑞氏染色，菌体呈两极着色。

【流行特点】　本病绵羊多发，尤其断奶羔羊，山羊不易感染。在冬末春初常呈散发或地方性流行，其发生多与受寒、饲养管理不良等诱因有关。

【临床症状】

（1）**最急性型**　多见于哺乳羔羊，突然发病，病羊表现寒战、呼吸困难等，几分钟至几小时死亡。

（2）**急性型**　病羊体温升高到41～42℃，精神沉郁，咳嗽，流鼻液，先便秘后腹泻（甚至便血），最终死亡，病程2～5天。

（3）**慢性型**　主要表现肺炎症状，如流鼻液、咳嗽、呼吸困难，有时颈、胸部皮下水肿，并有腹泻、角膜炎等，病程可达3周。

【剖检病变】

(1) 败血型 皮下、肌间、浆膜有明显出血和液体渗出，淋巴结（尤其是咽部与肠系膜淋巴结）出血、肿大，其周围组织胶样水肿。肺出血、水肿并有出血性炎灶（图1-3、图1-4），还有出血性胃肠炎、咽坏死灶、肝坏死灶等。脾无明显肿大。

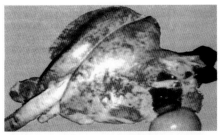

图1-3 浆液出血性肺炎：肺充血、出血、水肿，颜色深红，间质增宽（陈怀涛）

图1-4 出血性肺炎：肺充血、色暗红，可见大小不等的出血性肺炎灶（贾宁）

(2) 肺炎型 表现为纤维素性肺炎变化，常见肺坏死灶、化脓灶，也可见胸膜炎、心包炎变化（图1-5、图1-6）。

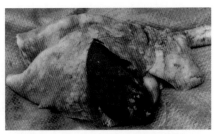

图1-5 纤维素性肺炎：肺瘀血，色暗红，切面见部分肺组织发生变化，呈灰红色（陈怀涛）

图1-6 纤维素性肺炎：病羊右肺心叶颜色暗红，质地实在，肺胸膜有少量纤维素渗出（陈怀涛）

【诊断】 根据明显的出血、水肿等败血性病变和肺炎变化，结合症状和流行特点可做出初步诊断，从肺、肝、脾、胸水取样检查两极染色的巴氏杆菌即可确诊。

【预防】 加强饲养管理，使羊群避免受寒、拥挤等发病诱因。本病发生时可用5%漂白粉混悬液或10%石灰乳等给圈舍和用具等彻底消毒，必要时用高免血清或疫苗给羊群做紧急免疫接种。

【治疗】

(1) 青霉素 每只160万单位，肌内注射，每天2次，连用2~3天。

(2) 土霉素 20毫克/千克体重，肌内注射，每天2次，首次量加倍，连用3~5天。

(3) 庆大霉素 1000~1500单位/千克体重，肌内注射，每天2次，连用2~3天。

(4) 20%磺胺嘧啶钠注射液 每只5~10毫升，肌内注射，每天2次，连用3~5天。

【诊治注意事项】 注意将本病与炭疽和各种梭菌病相鉴别，但各病病原不相同，且本病病变以出血、水肿、肺炎为主，脾多不肿大。由于多表现为急性，故生前诊断与治疗都应快速进行。

三、布鲁氏菌病

布鲁氏菌病是由布鲁氏菌引起人畜共患的一种慢性传染病，主要侵害生殖器官，母羊表现流产或不育，公羊发生睾丸炎。

【病原】 羊布鲁氏菌病的病原主要为马耳他布鲁氏菌（即羊布鲁氏菌），其次为绵羊布鲁氏菌。布鲁氏菌为革兰氏阴性球杆菌，无荚膜、芽孢和鞭毛。

【流行特点】 母羊较公羊易感，特别是性成熟的母羊，妊娠母羊主要呈现流产，一般只流产1次。流产多发生在妊娠后期（第3~4个月）。

【临床症状】 病羊多呈隐性感染，妊娠母羊主要症状为流产，流产前体温升高，精神沉郁，有时病羊因关节炎而发生跛行。公羊睾丸因发炎而肿大，后期萎缩。偶见病羊发生角膜炎和支气管炎。

【剖检病变】 流产胎儿多死亡，呈败血性变化。浆膜与黏膜有出血斑点，皮下出血、水肿，胎衣水肿增厚，呈黄色胶冻样，甚至有纤维素和脓液附着。肝脏可见坏死灶。流产母羊呈化脓-坏死性子宫内膜炎变化，胎盘子叶出血、坏死（图1-7）。病公羊可见化脓-坏死性

图1-7 坏死性子叶炎：流产母
羊胎盘可见子叶明显出血、坏死
（张高轩）

睾丸炎和附睾炎变化，睾丸切面有坏死、化脓灶，也可见精索肿胀等变化（图1-8、图1-9）。

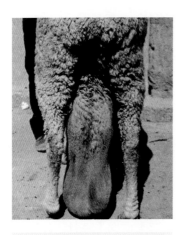

图1-8 睾丸炎：睾丸发炎肿
大，阴囊肿胀拖地，病羊行
走困难（张高轩）

图1-9 精索炎：精索呈结
节或团块状（张高轩）

【诊断】　根据症状和病变可怀疑为本病，但确诊须进行实验室检查。虎红平板凝集试验是较简易的血清学方法：将被检血清与虎红平板抗原各 0.03 毫升滴于玻片，混匀，看有无凝集反应。大群检疫也可用此种试验和变态反应检查。

【预防】　对凝集反应阳性和有可疑反应的羊要及时淘汰。被污染的用具和场地要进行彻底消毒。流产胎儿、胎衣、羊水和产道分泌物要深埋。凝集反应阴性羊用冻干布鲁氏菌猪 2 号弱毒苗（采用注射法或饮水法）、冻干布鲁氏菌 5 号弱毒苗（采用气雾法或注射法，在配种前 1 ~ 2 个月进行免疫为宜）或布鲁氏菌 19 号弱毒苗（只用于绵羊）进行免疫接种。

【治疗】　本病病羊无治疗价值，一般不进行治疗。

【诊治注意事项】　本病注意与羊流产沙门氏菌病相鉴别。本病为人兽共患传染病，畜牧与兽医人员在饲养管理、接羔和防疫等工作中应注意严格消毒和个人防护。

四、沙门氏菌病

沙门氏菌病包括绵羊流产和羔羊副伤寒两种疾病，绵羊流产主要由羊流产沙门氏菌引起，羔羊副伤寒则主要由都柏林沙门氏菌所致。

【病原】　本菌为革兰氏阴性直杆状细菌，多数能以周鞭毛运动，大小为（0.7 ~ 1.5）微米 ×（2 ~ 5）微米。

【流行特点与临床症状】

（1）**羔羊副伤寒**　断奶或断奶不久（15 ~ 30 日龄）的羔羊易感。体温升高达 40 ~ 41℃，腹泻，粪黏带血、恶臭，虚弱，1 ~ 5 天死亡。发病率约为 30%，病死约为 25%。

（2）**绵羊流产**　流产多发生于妊娠最后两个月，母羊体温升高达 40 ~ 41℃，精神沉郁，腹泻，流产、死产或弱产（羔羊 1 ~ 7 天死亡），流产率与病死率可达 60%，流产母羊也可死亡。其他羔羊的病死率约 10%。

【剖检病变】

（1）**羔羊副伤寒**　皱胃和小肠呈卡他性、出血性炎症变化，心内、外膜出血，肠系膜淋巴结充血、肿大（图 1-10）。

图1-10 卡他性皱胃炎：肠黏膜充血、肿胀，覆有黏液（陈怀涛）

（2）**绵羊流产** 流产、死胎或生后1周内死亡的羔羊呈败血性变化。病母羊呈化脓性或化脓-坏死性子宫内膜炎变化。

【诊断】 根据症状、病变和流行特点可做出初步诊断，确诊须进行病原菌检查。病死羔羊从淋巴结、脾、心血和粪便取样；病母羊从粪便、阴道分泌物、血便以及流产组织取样，分离培养沙门氏菌。

【预防】 加强饲养管理，使羔羊出生后及时吃到初乳，羔羊注意保暖。发现病羊应及时隔离治疗，被污染的场地和圈栏要彻底消毒。受威胁的羊群应注射相应疫苗预防。

【治疗】 病羊可淘汰处理或隔离治疗。治疗可用土霉素或磺胺类药物。

（1）**土霉素** 30～50毫克/千克体重，内服，每天2～3次。

（2）**硫酸新霉素** 5～10毫克/千克体重，内服，每天2次。

【诊治注意事项】 羔羊副伤寒应与羔羊大肠杆菌病、羔羊痢疾等有腹泻症状的疾病相鉴别，绵羊流产应与布鲁氏菌病、李氏杆菌病、衣原体病和弯曲菌病等相鉴别。

五、羔羊大肠杆菌病

羔羊大肠杆菌病是由致病性大肠杆菌引起羔羊的一种急性致死性传染病，临床上主要表现腹泻或败血症。

【病原】 致病性大肠杆菌为革兰氏阴性、中等大小的杆菌，其对外界环境抵抗力差，一般消毒药能迅速将其杀灭。

【流行特点】 多发生于出生后几天至 6 周龄的羔羊，呈地方性流行或散发。常于冬、春季舍饲期间发生，放牧季节较少发生。该病经消化道感染，气候突变、初乳不足和圈舍潮湿不洁等有利于疾病发生。

【临床症状】

（1）败血型 多发生于 2～6 周龄的羔羊，病羊体温升高达 40～41℃，精神沉郁，可能有轻度腹泻。病羊有的有磨牙、有的有关节肿痛等症状，多于病后 12 小时内死亡。

（2）肠炎型 多发于 2～8 日龄的新生羔，主要表现腹痛、腹泻，排黏性混有气泡或血液的粪便，虚弱、脱水、不能站立。如治疗不及时，多于 1～2 天死亡，病死率为 10%～20%。

【剖检病变】

（1）败血型 胸腔、腹腔、心包腔积液，混有纤维素。有浆液性或化脓性关节炎变化，脑膜和其他内脏充血、出血。

（2）肠炎型 呈急性卡他性或出血性胃肠炎变化，皱胃充血，内有发酵的凝乳块。肠黏膜充血、出血、水肿，肠内容物呈糊状或半液状，混有血液和气泡（图 1-11～图 1-14）。肠系膜淋巴结充血、肿大，切面多汁（图 1-15）。

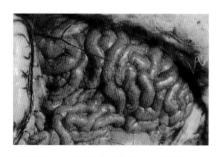

图 1-11 小肠瘀血：小肠瘀血色红，肠腔内含稀薄的内容物（陈怀涛）

图 1-12 盲肠炎：盲肠（▲）剖开时，流出大量灰黄色肠内容物，内含气泡（陈怀涛）

【诊断】　　根据病羊发病年龄、主要症状和病理变化可做出初步诊断，必要时进行细菌学检查以确诊。

【预防】　　加强母羊饲养管理，提高新生羔羊抗病力。注意羔羊保暖，病羔及时治疗。对污染的环境、用具等应用3%～5%来苏儿溶液彻底消毒。对羔羊可皮下注射我国研制的大肠杆菌疫苗，3月龄

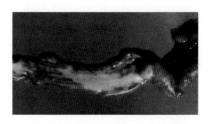

图1-13　出血性肠炎：小肠黏膜充血、出血、水肿，肠内有灰黄色稀糊状内容物（陈怀涛）

以下羔羊每只注射0.5～1毫升，3月龄至1岁羊每只注射2毫升。

图1-14　直肠炎：直肠内含较多淡黄色内容物（陈怀涛）

图1-15　肠系膜淋巴结（▲）肿大，呈灰红色，肠系膜血管充血（陈怀涛）

【治疗】　　大肠杆菌对土霉素、磺胺类药物敏感性高，但使用时应配合护理和其他对症疗法。

（1）土霉素　30～50毫克/千克体重，每天2～3次，内服。

（2）磺胺脒　首次量1克/只，以后每隔6小时内服0.5克。

（3）多价血清　由于大肠杆菌血清型较多，故可用多价血清治疗。

【诊治注意事项】　　本病注意与有腹泻症状的羔羊副伤寒、羔羊痢疾等相鉴别。

六、坏死杆菌病

坏死杆菌病是由坏死梭杆菌引起畜、禽和野生动物共患的一种慢性

传染病。患病羊主要表现腐蹄病和羔羊坏死性口膜炎。

【病原】 坏死梭杆菌为严格厌氧的细菌，革兰氏阴性，具多形性，小者呈球杆状，大者为长丝状，染色不均，似串珠样。可从病灶与健康组织交界处取样，用稀释石炭酸复红或碱性亚甲蓝加温染色，可发现细长丝状的坏死梭杆菌。

【流行特点】 病原菌分布很广，经损伤的皮肤、黏膜感染。本病多发于潮湿地区和多雨季节，呈散发或地方性流行。绵羊发生多于山羊。

【临床症状与剖检病变】

(1) 绵羊腐蹄病 病羊跛行，蹄间隙、蹄踵和蹄冠部皮肤红肿、坏死、溃疡、化脓，病变可波及腱、韧带和关节，严重时蹄匣脱落（图1-16）。

图1-16 坏死性蹄炎：蹄冠部皮肤严重坏死、腐烂（甘肃农业大学兽医病理室）

(2) 羔羊坏死性口膜炎（白喉） 唇、鼻、齿龈、颊、硬腭、舌、咽喉部黏膜肿胀、坏死，形成痂块，痂块下溃烂。病变轻者可恢复，但严重病例若治疗不及时也可在内脏形成转移性坏死灶而致动物死亡。

【诊断】 根据蹄部与口腔的坏死病变可做出初步诊断，必要时取样检查病原。

【预防】 预防本病无特异性疫苗，只有采取综合性预防措施，如加强饲养管理，保持圈舍清洁、干燥，防止皮肤、黏膜损伤，如发生损伤，及时用5%碘酊消毒或进行其他处理。

【治疗】 对腐蹄病羊可进行局部治疗，先彻底清除坏死组织，再用1%高锰酸钾溶液、2%甲醛溶液或10%～20%硫酸铜溶液清洗蹄部，撒以磺胺粉，再用水剂青霉素浸湿的绷带包扎，每天或隔天换药1次；或洗蹄后涂上抗生素软膏，再用绷带包扎。对坏死性口膜炎病羊，先清洗坏死物，用0.1%高锰酸钾溶液冲洗，再涂碘甘油或撒布冰硼散。

当已发生或防止发生内脏转移性坏死灶时，应进行全身治疗。

(1) 20%复方磺胺嘧啶钠注射液 一次肌内注射8毫升，每天2次，连用5天。

(2) 土霉素 20毫克/千克体重，肌内注射，每天1次，连用5天。

(3) 硫酸庆大霉素注射液 每只16万～32万单位，加维生素C注射液2～4毫升，维生素 B_1 注射液2毫升，静脉注射，每天2次，连用3～5天。

(4) 磺胺嘧啶钠 一次内服10毫克/千克体重，每天3次，连用3～5天。

(5) 中药方 龙骨30克，枯矾30克，乳香20克，海螵蛸15克，诸药共研细末，取适量撒布于患部，每天1～2次，连用3～5天。

【诊治注意事项】 本病由于病变位于蹄部和口腔，因此注意与口蹄疫和传染性脓疱相鉴别。口蹄疫呈急性流行，牛、猪常同时发病；传染性脓疱无蹄部坏死、腐烂病变。本病治疗时不能只注重病变部位的处理，应注意局部疗法与全身抗菌治疗相结合。

七、李氏杆菌病

李氏杆菌病是人和多种动物共患的一种传染病。其临床特征是脑膜脑炎引起的神经症状或导致妊娠母羊流产。绵羊李氏杆菌病较为多见。

【病原】 单核细胞李氏杆菌为革兰氏阳性小杆菌，多单个散在，或两个排成V形或并列，耐热，但易被一般消毒药灭活。

【流行特点】 常呈散发，发病率低，但病死率很高。

【临床症状】 因脑炎而出现神经症状，如转圈、卧地四肢划动、角弓反张、昏迷等（图1-17），妊娠母羊可发生流产，羔羊多因急性败血症而迅速死亡。

图1-17 神经症状：病羊头颈歪斜
与转圈（陈怀涛）

【剖检病变】 无眼观病变，但有单核细胞性脑炎变化并见微脓肿
形成（图1-18、图1-19），血液中单核细胞增多。流产母羊有胎盘炎、
子叶坏死和出血坏死性子宫内膜炎。

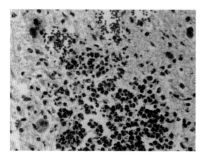

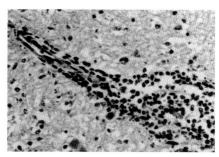

图1-18 微脓肿：脑干组织中可
见1个由中性粒细胞和胶质细胞
组成的微脓肿，附近组织有出血
（HEA×400）（陈怀涛）

图1-19 血管套：血管周围有大量单
核细胞形成的管套（HEA）（陈怀涛）

【诊断】 根据转圈等神经症状可怀疑为本病，细菌检查和脑组织
变化可帮助确诊。

【预防】 平时注意饲养管理和清洁卫生，消灭传播疾病的啮齿动
物。发病时应实施隔离、消毒、治疗等一般性防治措施。病羊尸体应深
埋，污染场地用5%来苏儿溶液消毒。

【治疗】

(1) 20%磺胺嘧啶钠注射液 5～10毫升/只，肌内注射，每天2次，连用5天。

(2) 庆大霉素 1000～1500单位/千克体重，肌内注射，每天2次，连用2～3天。

(3) 链霉素 0.5克/只，加注射用水30毫升，一次肌内注射，连用5天。

(4) 四环素 5～10毫克/千克体重，加5%葡萄糖盐水2000毫升，一次静脉注射，每天1次，连用3～5天。

(5) 氟苯尼考 20毫克/千克体重，一次内服，每天2次，连用3～5天；或20毫克/千克体重，一次肌内注射，每天1次，连用2天。妊娠母羊禁用。

(6) 12%复方磺胺甲基异噁唑注射液 80毫升/只，一次肌内注射，每天2次，连用5天，首次量加倍。

(7) 青霉素和链霉素 青霉素20万单位，链霉素0.25克，注射用水5毫升，羔羊一次肌内注射，每天2次，连用3～5天。

(8) 盐酸土霉素注射液 2.5～5毫升/千克体重，静脉注射，每天2次。

【诊治注意事项】 本病应与有神经症状的疾病（如多头蚴、狂蝇蛆病）及有流产症状的疾病（如布鲁氏菌病）相鉴别。本病可传染给人，应加强消毒和自身防护。

八、结核病

结核病是由分枝杆菌属的成员引起人、畜、禽共患的慢性传染病，羊也可感染发病。

【病原】 本病的病原是分枝杆菌属的3个种，即结核分枝杆菌、牛分枝杆菌和禽分枝杆菌。牛分枝杆菌和禽分枝杆菌可感染绵羊，结核分枝杆菌可引起山羊发病。分枝杆菌为革兰氏阳性菌，不产生芽孢和荚膜，也不能运动。常用抗酸染色来观察本菌的形态。

【流行特点】 羊发病较少。病羊是主要传染源，常通过污染的空气经呼吸道感染，也可通过污染的饲料、饮水和乳汁经消化道感染。

【临床症状】 该病发病缓慢，常无明显症状。严重病例有咳嗽、呼吸急促、个体消瘦等症状。

【剖检病变】 在肺脏膈叶可见豌豆大至杏仁大的结核结节或肉芽肿。结节呈黄白色，质地较硬，中心常发生干酪样坏死或钙化（图1-20）。镜检可见上皮样细胞和多核巨细胞（图1-21）。抗酸染色可见分枝杆菌。支气管与纵隔淋巴结、肝、脾等内脏也可见结核结节。

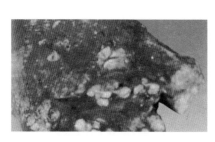

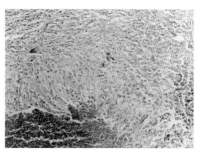

图1-20 肺结核结节：肺切面上见数个黄色干酪样结核结节（贾宁）

图1-21 结核结节的组织结构（仅显示结节的上半部）：结节中心为红染的干酪样坏死，外围是上皮样细胞和数个散在的巨细胞，最外是结缔组织包囊（HE×200）（陈怀涛）

【诊断】 本病常在宰后检验过程中发现病变时做出初步诊断，经组织学检查可以确诊。

【预防】 本病以检疫、扑杀、消毒、净化羊场等为主要预防措施，一般不进行治疗。

【诊治注意事项】 结核结节注意与寄生虫结节相鉴别。病羊生前很难做出诊断，只有当症状特别明显时才可能怀疑为本病，此时可用结核菌素试验、血清学试验等进行诊断。本病为人兽共患传染病，防疫、检疫中应注意人员防护。

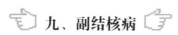 九、副结核病

副结核病又称副结核性肠炎，是由副结核分枝杆菌引起牛、羊的一

种慢性传染病，其特征是顽固性腹泻和进行性消瘦。

【病原】　　副结核分枝杆菌为革兰氏阳性小杆菌，不形成荚膜和芽孢，无运动能力，具有抗酸染色特性。生前可从新鲜粪便取样检查病原菌。

【流行特点】　　本病多发于牛，其次为羊，以幼龄羊最易感，且潜伏期长（数月至数年），因此到成年才出现症状，呈散发或地方性流行。病原菌主要存于肠道黏膜和肠系膜淋巴结，通过粪便污染饲料和饮水等，经消化道感染健康羊。

【临床症状】　　病初表现为间歇性腹泻，粪便呈糊状、有恶臭味，体温、食欲等常无明显变化；后期持续性腹泻，病羊身体消瘦、衰弱，最后因长期患病器官衰竭或伴发肺炎而死亡。

【剖检病变】　　病羊身体常极度消瘦。尸体解剖后，见可视黏膜苍白，皮下与肌间等处脂肪消失而呈胶样水肿。回肠、盲肠和结肠黏膜整体增厚或局部增厚，高低不平，皱褶明显，最严重时似脑回（但不如牛典型）（图1-22）。肠系膜淋巴结肿大、坚实，切面色灰白或灰红，均质，呈髓样变（图1-23）。镜检可见肠黏膜固有层、黏膜下层以及肠系膜淋巴结的淋巴窦中有许多巨噬细胞、上皮样细胞和巨细胞（图1-24、图1-25）。抗酸染色可见这些细胞中有大量红色副结核杆菌。

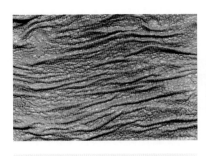

图1-22　增生性肠炎：肠黏膜增厚，表面不平，呈扁平的结节状（陈怀涛）

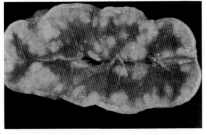

图1-23　增生性淋巴结炎：皮质部呈灰白色髓样变，被膜下有薄层干酪样坏死（Mouwen J M V M 等）

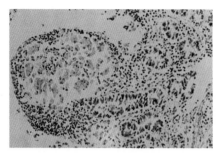

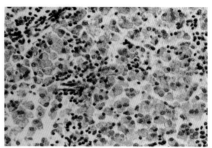

图1-24 增生性肠炎：回肠绒毛增粗，绒毛中有许多上皮样细胞和巨噬细胞，附近有较多淋巴细胞分布（HE×200）（陈怀涛）

图1-25 肠系膜淋巴结的淋巴窦里有大量巨噬细胞和连片的上皮样细胞（HE×400）（陈怀涛）

【诊断】　病羊生前进行粪便病原菌检查或做变态反应（病羊生前如症状不明显或无症状时，可用副结核菌素0.1毫升，注射于颈中部或尾根皱襞皮内，经48～72小时，如注射局部发红肿胀，则为阳性），结合临床症状做出诊断，死后根据肠道和肠系膜淋巴结病变做出诊断。

【预防】　羊副结核病无治疗价值，发病后每年应对病羊群用变态反应试验检疫4次，及时淘汰有临床症状或变态反应呈阳性的病羊。用20%漂白粉混悬液或20%石灰乳彻底消毒圈舍、用具等。

【诊治注意事项】　本病初期症状不明显，易被忽视。如怀疑为本病进行粪便检查时，应采取新鲜粪便的黏液，最好重复检查数次。营养不良、多种肠寄生虫病、沙门氏菌病等也有腹泻或消瘦症状，应注意鉴别，但前两种疾病肠道没有副结核病的特征性病变，沙门氏菌病多不呈慢性经过，而且病原也不相同。

十、假结核病

假结核病又称干酪性淋巴结炎，是由假（伪）结核棒状杆菌引起成年绵羊和山羊的一种慢性接触性传染病，其特征是淋巴结发生化脓性炎症。

【病原】　假（伪）结核棒状杆菌为多形性、无芽孢、革兰氏阳性杆菌。在新鲜脓汁中以杆状为主，而在陈旧脓汁中以球状为主，在培养物中呈较为一致的球杆状。菌体较长，一端常膨大，故呈棒状，单在或呈栅栏状排列。细菌学检查时可从未破溃的脓肿中抽取脓汁涂片镜检。

【流行特点】 4～5岁的绵羊多发生，山羊和牛也可发生。多散发，发病无季节性，主要经创伤感染，破溃的淋巴结、粪便和被污染的环境是感染源。

【临床症状与剖检病变】 本病病程长，由数月至数年不等，但很少发生死亡。病初感染局部有炎症，但多难以发现。病变主要在颈浅、髂下和下颌淋巴结，也见于乳房、内脏淋巴结和内脏器官。羊生前常为单侧淋巴结肿大，有的破溃排出脓汁（图1-26）。但病变多在屠宰后或死后剖检时才被发现，淋巴结肿大，切面见多个小化脓灶，随着疾病的发展，则形成带有厚层包囊的大脓肿，其中脓汁呈浅绿色

图1-26 髂下淋巴结化脓肿大：髂下（股前）淋巴结因化脓而高度肿大并下垂（刘安典）

牙膏状或干酪状（图1-27）。由于化脓和包囊形成反复进行，致使脓肿切面的坏死物呈轮层状结构（图1-28）。

图1-27 网膜的干酪性脓肿：网膜上有2个干酪性脓肿，其包囊很厚（陈怀涛）

图1-28 淋巴结干酪性脓肿：脓肿有厚层包囊，内含同心层结构的干涸脓汁，呈浅绿色（Mouwen J M V M 等）

【诊断】 羊生前根据细菌学检查和典型病变可做出诊断，必要时做细菌分离鉴定。

【治疗】 一般用外科方法将脓肿及其包囊一并摘除。病初可用青霉素，或青霉素与黄色素合并治疗，效果较好，也可用0.5%黄色素注射液10毫升静脉注射。

【诊治注意事项】 体表淋巴结的病变生前易做出诊断，但脓肿位于体内时只能在剖检时发现。脓肿为本病的重要症状和病变，但其他多种病菌也可引起脓肿，因此必须注意鉴别。本病的脓肿处理固然重要，但更应做好皮肤和环境的清洁卫生工作，发现病羊及时隔离治疗。

十一、放线菌病

放线菌病是由多种放线菌引起牛、羊、其他家畜和人的一种非接触传染的慢性疾病。其特征是局部组织增生与化脓，形成放线菌肿（图1-29）。

【病原】 主要是牛放线菌和林氏放线杆菌，其次是伊氏放线菌、化脓放线菌和金黄色葡萄球菌。牛放线菌是骨骼和猪乳房放线菌病的病原，为革兰氏阳性丝状杆菌，病灶的菌块呈菊花状或玫瑰花状；其中心为菌丝体，呈线球状，革兰氏阳性；其外周为放射状的棍棒体，革兰氏阴性，强嗜伊红。林氏放线菌是软组织放线菌病的主要病原，为多形态的革兰氏阴性杆菌，组织中的菌块结构与牛放线菌的相似，但中心为许多细小的短杆菌，其大小与巴氏杆菌相似，革兰氏阴性；周围是比牛放线菌短的棍棒体，也呈革兰氏阴性。

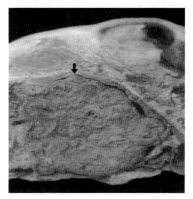

图1-29 上颌骨下面有大块放线菌肿（↓）：上颌窦已被充满，其切面可见肉芽组织增生，肉芽组织中有许多小化脓灶（甘肃农业大学兽医病理室）

【流行特点】 本病为散发性，病原存在于外界环境和动物口、咽部黏膜以及皮肤，可通过黏膜或皮肤的损伤而感染。

【临床症状与剖检病变】 下颌骨或上颌骨肿大（图1-30），头部或唇舌部形成结节，以后化脓破溃，脓液中含硫黄样颗粒。乳房、肺和局部淋巴结也可见化脓性结节。镜检可见典型的肉芽肿，其中心为放射状菌块，周围是中性粒细胞、上皮样细胞和巨细胞等（图1-31）。病变发展缓慢，历经数月才可发现。口、唇部的病变常给采食、咀嚼带来困难。

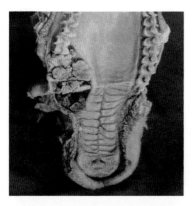

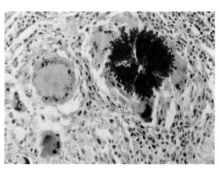

图1-30 上颌放线菌肿：上颌骨左侧有一明显的放线菌肿，齿槽被破坏，面部骨质突出（↑）（甘肃农业大学兽医病理室）

图1-31 放线菌肉芽肿：肉芽肿组织中可见呈红色菊花样或玫瑰花样的菌块和数个大小不等的巨细胞（HEA×400）（陈怀涛）

【诊断】 根据病变特点可做出初步诊断，脓液中的硫黄样颗粒做压片或采取组织块做切片染色，观察菌块或肉芽肿的形态结构即可对本病做出确诊。

【预防】 加强饲养管理，防止皮肤和黏膜损伤，发现伤口及时处理和治疗。

【治疗】 局部处理和全身治疗相结合。局部治疗主要用碘制剂，全身治疗主要用抗菌药物。

（1）**手术** 手术要及早进行。将病变部彻底切除。若有瘘管形成，要将瘘管一并彻底切除。切除后，创腔填塞碘酊纱布或撒布碘仿磺胺粉，每天换药1次。

（2）**10%碘仿醚或2%鲁格氏液** 在伤口周围和病变处注射。

（3）**10%碘化钠** 50～100毫升/只，静脉注射，隔天1次，连用3～

5 次。

此外，还可较长时间大剂量联合使用青霉素、链霉素、红霉素以及磺胺嘧啶、磺胺二甲嘧啶等进行治疗。

【诊治注意事项】 本病应注意与局部一般炎性肿胀、化脓或肿瘤相鉴别，但这些疾病都没有放线菌菌块（脓液中的硫黄样颗粒）。在治疗中如出现碘中毒现象，应停止用药或减少剂量。

十二、弯曲菌病

弯曲菌病（旧名弧菌病）是由弯曲菌属中的胎儿弯曲菌引起牛、羊等动物的一种传染病。羊患本病时的特征是暂时性不育和流产。

【病原】 胎儿弯曲菌为革兰氏阴性的细长弯曲杆菌，呈撇形、"S"形或飞鸥形（图1-32）。胎儿弯曲菌可分为胎儿弯曲菌胎儿亚种和胎儿弯曲菌性病亚种。细菌检查时从流产胎膜、子叶和流产胎儿胃内容物取样涂片镜检，也可将病料接种于鲜血琼脂在一定环境条件下培养，以分离鉴定病原，进行确诊。

图1-32 弯曲菌的形态：呈纤细的弯曲杆菌，革兰氏阴性（吴润）

【流行特点】 本病多呈地方性流行，患病母羊和带菌母羊为传染源，主要经消化道感染。公羊不易感染，常不传播本病。本病的流行常呈间歇性的特点，发病由少至多。

【临床症状】 妊娠母羊多于妊娠后期（第4~5个月）发生流产，排出死胎、死羔或弱羔。流产前多无明显征兆，流产后阴道有黏脓性分泌物排出。流产母羊多很快康复，仅少数因胎膜或死胎滞留而发生子宫内膜炎、腹膜炎或脓毒血症而死亡。

【剖检病变】 流产胎儿皮下水肿，胎儿、胎膜也可见出血，肝脏有坏死灶（图1-33），病死母羊可见卡他性、化脓性子宫内膜炎，甚至子宫积脓，也可见腹膜炎等。

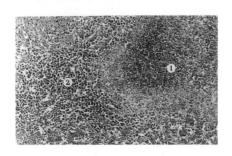

图1-33 肝坏死灶 （HE×200）（刘宝岩）
1—肝组织中的一个大坏死灶
2—汇管区有大量淋巴细胞浸润

【诊断】 根据母羊流产症状和病理变化可怀疑本病，通过病原菌检查、鉴定可以确诊。

【预防】 产羔季节严格执行兽医卫生措施，流产母羊及时隔离治疗。流产胎儿、胎膜及污染物要及时销毁，污染场地和用具要彻底消毒。母羊流产一次后产生免疫，第二次妊娠可正常产羔，因此不必淘汰流产母羊。但感染羊群不能作为种畜出售。使用当地分离菌株制备的多价疫苗免疫母羊，可有效预防本病。

【治疗】

（1）红霉素 3~5毫克/千克体重，静脉注射，每天2次，连用2~3天。

（2）庆大霉素 2~4毫克/千克体重，肌内注射，每天2次，连用2~3天。

【诊治注意事项】 本病和布鲁氏菌病、衣原体病、沙门氏菌病、李氏杆菌病等都有流产症状，应主要从病原方面结合其他资料进行鉴别。

👉 十三、链球菌病 👈

羊链球菌病是羊的一种急性热性传染病。成年羊主要表现败血症，而羔羊则以浆液-纤维素性肺炎为特征。

【病原】 为C群马链球菌兽疫亚种，革兰氏染色阳性，在病料中呈球形，单个或成对存在，偶见3~5个相连成短链，荚膜明显，细菌学检查可取心血、脏器组织涂片，染色镜检。

【流行特点】　绵羊最易感，山羊次之。病羊和带菌羊是本病的主要传染源，常经呼吸道或损伤的皮肤而感染。老疫区为散发，新疫区常于冬、春季节呈流行性发生，危害较为严重。

【临床症状】　自然感染潜伏期为 2～7 天，少数可长达 10 天。病羊体温升高，精神沉郁，食欲减退甚至废绝，反刍停止，流泪、流鼻液、流涎，咳嗽，呼吸困难。咽喉部肿胀，咽背和下颌淋巴结肿大。妊娠母羊常发生流产。粪便有时带有黏液或血液。严重病例多因器官衰竭、窒息而死亡。病程长者轻度发热、消瘦、食欲不振、步态僵硬，有的病羊表现咳嗽或患关节炎。

【剖检病变】　本病可分为败血型和胸型。

(1) 败血型　主要见于成年羊，病程为 2～5 天。除败血症的一般变化外，其舌后部、鼻后孔附近、咽部和喉头黏膜高度水肿，导致鼻后孔和咽喉狭窄（图 1-34）；全身淋巴结尤其下颌淋巴结和肺门淋巴结显著肿大，可达正常体积的 2～7 倍，切面隆起，有透明或半透明黏稠的胶样引缕物质，有滑腻感；肺有充血、出血、水肿与气肿等炎症变化（图 1-35）；胆囊胀大 7～8 倍，其黏膜充血、出血、水肿，胆汁呈浅绿色或因出血而似酱油状；淋巴结、肝脏等器官均有明显的间质溶解性炎症，组织疏松，有中性粒细胞浸润（图 1-36、图 1-37）。

图 1-34　咽喉水肿：咽喉部组织高度水肿、充血与出血（陈怀涛）

图 1-35　浆液-出血性肺炎：肺充血、出血、水肿，切面有带泡沫的血液，小支气管管壁明显增厚（陈怀涛）

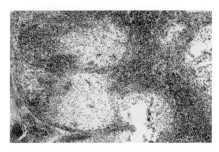

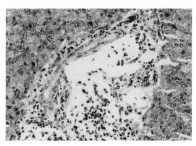

图 1-36　浆液-坏死性淋巴结炎：淋巴结充血，淋巴小结消失，局部组织疏松、呈网状或腔隙，其中充满红色物质，有中性粒细胞浸润（HE×100）（陈怀涛）

图 1-37　浆液性肝炎：肝汇管区结缔组织溶解，形成腔隙，其中充满蓝红色物质，中性粒细胞浸润（HE×400）（陈怀涛）

（2）胸型　常见于羔羊，病程 1～2 周，成年羊很少发生。特征病变为浆液-纤维素性肺炎和浆膜炎。也可见败血症变化，但病变较轻。

【诊断】　主要根据症状和病理变化（尤其是咽喉部水肿和淋巴结表面引缕物）做出初步诊断，确诊需要实验室检查病原菌。

【预防】　除采取一般性综合防治措施外，免疫接种对预防和控制本病传播效果显著。可用羊链球菌氢氧化铝甲醛灭活苗，大、小羊均每只皮下注射 3 毫升。3 月龄以下羔羊于 2～3 周后重复接种 1 次，免疫期可维持 6 个月以上。

【治疗】　可用青霉素或 20% 磺胺嘧啶钠注射液。

（1）青霉素　80 万～160 万单位/只，一次肌内注射，每天 2 次，连用 2～3 天。

（2）20% 磺胺嘧啶钠注射液　5～10 毫升/只，肌内注射，每天 2 次，连用 2～3 天。

【诊治注意事项】　本病应与炭疽、巴氏杆菌病以及羊快疫等有败血症状的疾病相鉴别，但它们的病原各不相同，其他病的淋巴结切面和肺表面无引缕物，炭疽无咽喉部水肿变化。在诊断本病时，应牢记呼吸困难、咽喉部水肿和炎性渗出物呈黏稠引缕状等特征。

十四、葡萄球菌病

葡萄球菌病是一种人和动物共患的传染病,以组织器官发生化脓性炎症或全身性脓毒败血症为特征。

【病原】 致病菌为金黄色葡萄球菌,呈革兰氏阳性,常以葡萄穗状排列。本菌能产生血浆凝固酶,还能产生多种能引起急性肠炎的肠毒素。

【流行特点】 葡萄球菌广泛分布于自然界,也是人、畜皮肤、呼吸道、消化道黏膜上的常在菌群,可通过损伤的皮肤、呼吸道和消化道黏膜等各种途径而感染,各种诱发因素对本病的发生和流行起着非常重要的作用。

【临床症状与剖检病变】 绵羊患葡萄球菌病常表现为急性化脓-坏疽性乳腺炎,可见乳房发红、明显肿大疼痛,其分泌物呈红色,有恶臭气味,母羊不让羔羊吮乳。羔羊患病表现为化脓性皮炎或脓毒败血症,内脏器官可见大小不等的脓肿(图1-38、图1-39)。

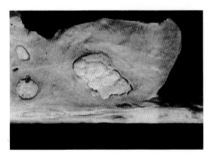

图1-38 肺脓肿:肺中可见几个大小不等的脓肿,肺胸膜与肋胸膜粘连(贾宁)

图1-39 肝脓肿:肝表面可见许多大小不等的脓肿(贾宁)

【诊断】 根据化脓-坏疽性乳腺炎和其他脏器的脓肿等变化,结合流行特点,可对本病做出初步诊断,但确诊还需要进行细菌学检验。

【预防】 预防本病应采取综合防治措施,如加强饲养管理,保持羊舍清洁，避免外伤，提高羊体抵抗力等，可大大降低本病的发生率。

【治疗】 青霉素为首选药物，红霉素、庆大霉素和卡那霉素等也有较好的治疗效果。

【诊治注意事项】 治疗时，最好对从病羊体内分离的菌株进行药敏试验，找出敏感药物后进行治疗。

十五、羊快疫

羊快疫是由腐败梭菌引起的一种急性致死性传染病。主要发生于绵羊，以出血性皱胃炎为特征。

【病原】 腐败梭菌为革兰氏阳性厌气大杆菌，在体内能产生芽孢，不形成荚膜，可产生多种外毒素。在病羊血液或脏器抹片中，可见单个或 2~5 个菌体相连的粗大杆菌，有时呈无关节的长丝状，这种形态在肝被膜触片中更易发现，是腐败梭菌的显著特征，具有重要的诊断价值（图 1-40）。本菌对外界抵抗力较强，因此要用 20% 漂白粉混悬液、3%~5% 氢氧化钠溶液等强力消毒药进行消毒。

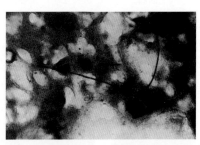

图 1-40 腐败梭菌的形态（Gram×1000）
（陈怀涛）

【流行特点】 6~18 月龄绵羊最易感，山羊和鹿也可发病。主要经消化道感染。秋、冬季和早春为多发季节，以散发为主，发病率低而死亡率高。

【临床症状】 病羊往往突然死亡，常在放牧时死于牧场或早晨发现死于圈舍内。病程稍缓者表现体质衰弱、运动失调，还有腹胀、腹痛和腹泻等症状。病羊最后衰竭、昏迷，于数小时或 1 天内死亡，极少有耐过者。

【剖检病变】 病羊死后尸体迅速腐败膨胀，特征性病变为急性弥漫性出血性皱胃炎（图1-41、图1-42），胃底部和幽门部黏膜可见出血斑点和坏死、脱落，重者发生溃疡，黏膜下层明显水肿，浆膜呈纤维素性炎症变化。

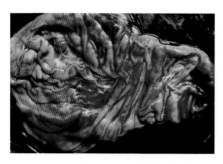

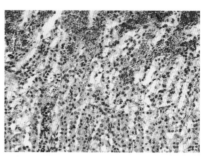

图1-41 出血性皱胃炎：皱胃和幽门部黏膜出血潮红，被覆较多浅红色黏液（陈怀涛）

图1-42 出血性皱胃炎：黏膜表面有大量红细胞和炎性细胞，有些上皮细胞坏死、脱落，固有膜充血、出血，有炎性细胞浸润，胃腺上皮细胞变性、坏死（HEA×400）（陈怀涛）

其他病变还包括可视黏膜发绀；肠道黏膜充血、出血、坏死或发生溃疡；胸腔、腹腔、心包腔积液，有大量纤维素渗出；心内、外膜有点状出血；肺充血、出血；肾、肝等实质器官有程度不等的瘀血、变性（图1-43）；胆囊多肿胀；颈部和胸部皮下组织胶样水肿。全身淋巴结水肿、出血。

图1-43 肾脏瘀血、肿大，呈紫红色（陈怀涛）

【诊断】 本病病程短，病羊生前诊断困难。出血性皱胃炎、浆膜腔积液、颈部和胸部皮下水肿等是重要病变，可作为诊断参考。确诊需要结合流行特点并进行微生物学和毒素检测。

【预防】 在本病常发地区，每年定期注射羊快疫、羊肠毒血症、羊猝疽三联疫苗，每只羊 5 毫克，或用厌气菌七联干粉灭活苗（羊快疫、羊猝疽、羔羊痢疾、羊肠毒血症、羊黑疫、肉毒梭菌中毒、破伤风），每只羊 1 毫升，肌内或皮下注射。发病时，及时转移放牧场地，防止羊群受寒和采食冰冻饲料，推迟早晨出牧时间。

【治疗】 本病病程短，常来不及治疗，一般仅对病程稍长的病例进行抗菌消炎、输液、强心等对症治疗。

(1) 青霉素 80 万～160 万单位/只，肌内注射，每天 2 次，连用 3～5 天，首次量加倍。

(2) 12% 复方磺胺嘧啶注射液 8 毫升/只，一次肌内注射，每天 2 次，连用 5 天，首次量加倍。

(3) 10% 安钠咖注射液 2～4 毫升/只，加入 25% 维生素 C 注射液 2～4 毫升、5% 葡萄糖盐水 200～400 毫升，一次静脉注射，连用 3～5 天。

【诊治注意事项】 本病应以预防为主。由于发病死亡突然，生前诊断很难。死后应尽快剖检并取材做细菌和毒素检查。本病应注意与羊炭疽、羊肠毒血症、羊黑疫、巴氏杆菌病等相鉴别。

十六、羊猝疽

羊猝疽是由 C 型产气荚膜梭菌（即魏氏梭菌）引起的一种急性毒血症，其特征为出血-坏死性肠炎和腹膜炎。

【病原】 C 型产气荚膜梭菌为革兰氏阳性厌氧大杆菌，能形成芽孢。该菌随饲料或饮水进入羊消化道，在小肠尤其是十二指肠和空肠内繁殖，主要产生 β 毒素，引起羊发病。

【流行特点】 本病多见于 1～2 岁的绵羊，常流行于低洼、沼泽地区，呈地方性流行，冬、春季节最易发病。

【临床症状】 病程短，病羊多未见症状即突然死亡。有时可发现病羊离群、卧地、表现不安、衰竭、痉挛等现象，于数小时内死亡。

【剖检病变】 十二指肠和空肠黏膜严重出血、糜烂，可见大小不等的溃疡灶。腹腔脏器特别是大网膜、小肠等处的血管极度充血（图1-44），多处腹膜出血，腹腔中有大量清亮的浅黄色渗出液，常混有丝状或絮状纤维素。如剖检较晚，渗出液常被血红蛋白染成红色。本病病原菌常散布于所有器官，在病羊死后 8 小时内继续作用，故可见尸体肌肉间和皮下组织有红色胶样液体，浆膜腔渗出液中也有血液、肌肉变软、变黑，有气泡，与气肿疽的病变十分相似。

图1-44 空肠壁明显充血，黏膜出血，肠内容物稀薄、色红（陈怀涛）

【诊断】 根据症状、病理变化和流行特点只能怀疑为本病，确诊本病主要依靠从体腔渗出液、脾脏取样检查并定型病菌，取小肠内容物检查毒素种类。

【预防与治疗】 预防和治疗方法参考羊快疫。

【诊治注意事项】 本病应与羊快疫、羊肠毒血症、羊黑疫、巴氏杆菌病、炭疽等类似疾病相鉴别。

十七、羊肠毒血症

羊肠毒血症是由 D 型产气荚膜梭菌在肠道内大量繁殖产生毒素而引起的一种急性毒血症，主要危害绵羊。因发病急、死亡突然，和羊快疫相似，故又称"类快疫"。还因病羊肠道出血、死后肾易软化，故也将其称为"血肠子病"、"软肾病"。

【病原】 产气荚膜梭菌即魏氏梭菌，是革兰氏阳性厌氧大杆菌，可产生多种外毒素。

【流行特点】 本病呈散发，2～12 月龄、膘情较好的绵羊最易发病，山羊少见。经消化道而发生内源性感染。本病的发生有明显的季节性和条件性，在牧区多发于春末夏初青草萌发和秋季牧草结籽后的一段时期，在农区则常发于蔬菜、粮食收获季节。

【临床症状】 本病发生突然，病羊死亡快，死前步态不稳，卧地，呼吸、心跳加快，但体温一般不高。四肢出现强烈划动，肌肉颤抖，磨牙，口、鼻流出泡沫，头颈后仰，昏迷，往往在 2～4 小时内死亡。有些病羊发生腹痛、腹胀、腹泻、排黄褐色水样稀便。

【剖检病变】 特征性变化为肾软化（图 1-45）和肠出血（图 1-46）。前者是肾小管在变性、坏死的基础上很快自溶的结果，剖检可见肾肿大，皮质柔软如泥，甚至呈糊状，色晦暗，黑红如酱，用水冲洗可冲去肾实质。小肠黏膜充血、出血，严重时整个肠壁呈红色。肝脏瘀血、肿大，胆囊胀大 1～3 倍。全身淋巴结充血、肿大。胸腺明显出血。心包腔积液，含有絮状纤维素，心内、外膜可见出血点。脑膜出血，脑实质内有液化性坏死灶（图 1-47）。镜检，肾脏充血，肾小管上皮坏死（图 1-48）。

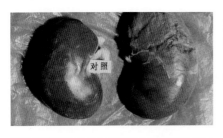

图 1-45 肾软化：右侧病肾明显软化，被膜不易剥离；左侧为正常肾脏（陈怀涛）

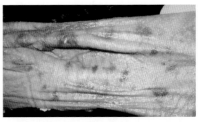

图 1-46 出血性肠炎：小肠黏膜充血、出血，并附有少量红色内容物（陈怀涛）

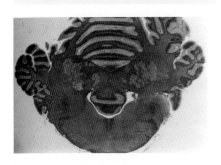

图 1-47 脑软化坏死：在小脑横切面的脑组织中可见对称性灰黄色软化灶（Mouwen J M V M 等）

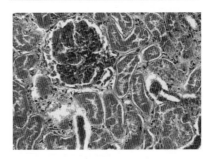

图 1-48 肾坏死：肾小管上皮细胞坏死，肾小球和间质充血、出血（HE×200）（陈怀涛）

【诊断】 软肾、出血性小肠炎以及一些急性症状和流行特点可作为本病诊断的参考依据，确诊本病不仅要在肠道、肾和其他脏器内发现

D 型产气荚膜梭菌，而且在小肠内要检出 ε 毒素，尿液中查出葡萄糖。

【预防】 在常发病地区，每年定期接种 1 次羊肠毒血症疫苗，或羊快疫、羊猝疽、羊肠毒血症三联苗，或羊厌气菌五联苗，每只皮下或肌内注射 5 毫升。也可皮下或肌内注射 1 毫升羊梭菌病多联干粉灭活苗。农区、牧区在春夏之际少抢青、抢茬，秋季避免采食过量结籽牧草。发病后及时搬圈，转移到干燥地区放牧。对于羊群中的未发病羊，可内服 10% ~20% 石灰乳 500 ~1000 毫升，进行预防。

【治疗】 本病目前还没有有效的治疗方法，对病程较缓慢的病羊，可试用以下方法治疗。

(1) 青霉素 80 万 ~160 万单位/只，一次肌内注射，每天 2 次，连用 3 ~5 天，首次量加倍。

(2) 磺胺脒 8 ~12 克/只，第一天一次灌服，以后每天分 2 次灌服。

(3) 中药方 苍术 10 克，大黄 10 克，贯众 2 克，龙胆草 5 克，槟榔 3 克，甘草 10 克，雄黄 1.5 克。前 6 味药水煎取汁，混入雄黄，一次灌服，灌药后再灌服一些食用植物油。

【诊治注意事项】 本病应与炭疽、巴氏杆菌病、大肠杆菌病、羊快疫等疾病相鉴别，但这些病的病原不同，且多有其主要病变，无肾软化现象。

十八、羊 黑 疫

羊黑疫又名传染性坏死性肝炎，是羊的一种急性高度致死性毒血症。其特征为坏死性肝炎。

【病原】 羊黑疫是由能产生 5 种外毒素的 B 型诺维氏梭菌引起的，与羊快疫、羊猝疽、羊肠毒血症的病原一样，同属于梭菌属，为革兰氏阳性大杆菌，严格厌氧，可形成芽孢，不产生荚膜，具有周身鞭毛，能运动。组织中单个或成双存在，少数 3 ~4 个连成短链。

【流行特点】 绵羊和山羊均可感染，但以 2 ~4 岁、膘情好的绵羊多发。牛也可感染。由于肝片吸虫的寄生能诱发本病，所以本病主要发生在春、夏季肝片吸虫流行的低洼潮湿地区。

【临床症状】 本病的症状与羊快疫、羊肠毒血症等疾病极为相似，也是病程短，病羊常突然死亡。部分病例可拖延 1 ~2 天，病羊出现离群、食欲废绝、反刍停止、呼吸困难、体温升高等症状，最后昏睡而死。

【剖检病变】　典型病变为肝表面和肝实质内散在数量不等的圆形或近似圆形坏死灶，直径2～3厘米，呈黄白色，其外围有一红色炎性反应带，该变化具有重要的诊断价值（图1-49）。

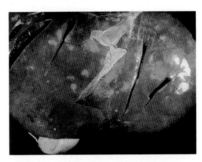

图1-49　坏死性肝炎：肝表面和实质见大小不等的黄白色坏死灶，其界限明显（Blowey R W 等）

其他病理变化包括皮下严重瘀血而使皮肤呈黑色外观，故有"黑疫"之称；颈下、腹部和股内侧皮下胶样水肿；浆膜腔积液；胃幽门部和小肠充血、出血，心内膜也可见出血。

【诊断】　根据流行特点，临床症状和特征性肝坏死、皮下严重瘀血即可做出诊断。必要时从肝坏死灶边缘取样涂片检查病菌，也可进行毒素检查。

【预防】　本病重在控制肝片吸虫的感染。

驱虫可用蛭得净（溴酚磷），16毫克/千克体重，一次内服；丙硫苯咪唑，5～20毫克/千克体重，一次内服；三氯苯唑，8～12毫克/千克体重，一次内服。

流行地区可用羊黑疫、羊快疫二联苗或羊厌气菌五联苗预防注射，每只羊5毫升，一次皮下注射，或用七联干粉苗1毫升，一次皮下注射。也可用抗诺维氏梭菌血清（7500单位/毫升），早期预防时皮下或肌内注射10～15毫升，必要时可重复使用1次；用于早期治疗时，静脉或肌内注射50～80毫升，可用1～2次。

【治疗】 可选用青霉素，每只羊 40 万 ~ 80 万单位，加注射用水 5 毫升，一次肌内注射，每天 2 次，连用 5 天。

【诊治注意事项】 本病注意与羊炭疽、羊快疫、羊肠毒血症等相鉴别。本病的防治要结合寄生虫驱虫。对羊群每年至少进行 2 次驱虫，一次在秋末冬初由放牧转为舍饲之前，另一次在冬末春初由舍饲改为放牧之前。

十九、羔羊痢疾

羔羊痢疾简称羔痢，是羔羊的一种急性毒血症，以小肠发生弥漫性出血性肠炎或出血-坏死性肠炎为特征，羔羊剧烈腹泻并大批死亡。

【病原】 为 B 型产气荚膜梭菌，有时 C 型、D 型产气荚膜梭菌也参与致病。本病菌为革兰氏阳性大杆菌，可形成芽孢，在体内可产生多种肠毒素。

【流行特点】 主要危害 7 日龄以内的羔羊，2 ~ 3 日龄最易发生。主要经消化道感染，也可通过脐带或创伤感染。许多外界不良因素可导致羔羊抵抗力减弱，使经消化道进入小肠的细菌大量繁殖，产生毒素，从而诱发本病。常见的诱因有母羊妊娠期营养不良导致的羔羊体质瘦弱，气候骤变，寒冷袭击，哺乳不当以及饥饱不均等。

【临床症状】 本病潜伏期 1 ~ 2 天。病初羔羊精神沉郁，不想吃奶，不久便发生腹泻，粪便恶臭，到后期出现血便，逐渐虚弱，卧地不起。如不及时治疗，常在 1 ~ 2 天内死亡，仅有少数病轻者可能自愈。有的病羔腹胀，但无腹泻，或仅排少量稀便，主要表现神经症状，四肢瘫软，卧地不起，呼吸急促，口流血沫，最后昏迷，头向后仰，体温降至常温以下，常在数小时至十几小时内死亡。

【剖检病变】 尸体严重脱水，消化道尤其小肠呈现广泛的出血性炎症变化（图 1-50）。病程稍久者，可见大小不等的溃疡，其直径从数毫米至数厘米不等，周围有充血出血炎性反应带。溃疡可以融合，形成广泛的坏死区（图 1-51）。

如溃疡深达黏膜下层，透过浆膜即可看到，在此处常发生局部性纤维素性浆膜炎，引起肠粘连。结肠以坏死变化为主。肠内容物稀薄、恶臭，呈灰黄色或红色，有时完全变为血液（镜检可见肠黏膜充血、出血、坏死）。皱胃内常有未消化的凝乳块。其他器官表现毒血症的一般变化，肠系膜淋巴结充血、肿大或出血，心包腔积液，心内膜和心外膜出血。肺充血、出血、水肿。肾也出现软化现象。

图 1-50　出血性肠炎：小肠充血、出血，肠内容物呈红色（陈怀涛）

图 1-51　坏死性肠炎：小肠黏膜有多个圆形溃疡和大片坏死（甘肃农业大学兽医病理室）

【诊断】　根据发病年龄（1 周龄内的羔羊）、临床症状（腹泻）、剖检病变（出血-坏死性小肠炎），结合病原菌和毒素检查即可确诊。沙门氏菌、大肠杆菌和肠球菌也可引起初生羔羊腹泻，应注意和本病相鉴别。

【预防】　本病病因复杂，应采取综合措施进行预防，如产前母羊抓膘增强体质，产后羔羊注意保暖、合理哺乳，做好消毒工作，发病后及时隔离治疗。每年秋季注射羔羊痢疾疫苗或羊厌气菌五联苗 5 毫升，或厌气菌七联干粉苗 1 毫升，产前 2～3 周再接种 1 次。在常发地区，也可采用药物预防，一般在羔羊出生后 12 小时内灌服土霉素 0.12～0.15克，每天 1 次，连用 3 天。

【治疗】　治疗原则为抗菌消炎、收敛止泻。治疗方法较多，各地应用效果不一，根据具体情况试验选用

(1) 土霉素　0.1～0.2 克/只，加胃蛋白酶 0.2～0.3 克，水 30 毫升，一次灌服，每天 2 次。

(2) 青霉素　40 万～80 万单位/只，加链霉素 0.25 克，注射用水 10毫升，一次肌内注射，每天 2 次，连用数天。

(3) 磺胺脒　0.5 克/只，加次硝酸铋 0.2 克、鞣酸蛋白 0.2 克、碳

酸氢钠0.2克，水调后一次灌服，每天3次。

（4）含0.2%甲醛的6%硫酸镁溶液 30～60毫升/只，灌服，6～8小时后再灌服1%高锰酸钾溶液10～20毫升，每天2次。

（5）中药方

1）加味白头翁汤：白头翁10克、黄连10克、秦皮12克、生山药30克、山茱萸12克、诃子肉10克、茯苓10克、白术15克、白芍10克、甘草6克，煎汤300毫升，每羔灌服10毫升，每天2次。

2）加减乌梅汤：乌梅（去核）10克、炒黄连10克、黄芩10克、郁金10克、炙甘草10克、猪苓10克、柯子肉12克、焦山楂12克、神曲12克、泽泻8克、干柿饼1克，诸药研碎煎汤150毫升，以红糖水50毫升为引，病羔一次灌服。

二十、曲霉菌性肺炎

曲霉菌性肺炎又称曲霉菌病，是由曲霉菌引起的主要侵害肺的一种真菌病。多发生于家禽，羊、马和牛也可感染。

【病原】 主要病原是曲霉菌属的烟曲霉，黑曲霉、构巢曲霉、土曲霉和黄曲霉也有一定的致病性。曲霉菌的形态特点是在孢子柄的顶囊上有放射状排列的呈串珠状的分生孢子。曲霉菌可产生毒素。组织中的曲霉菌可用过碘酸-雪夫（PAS）染色法染色，菌丝壁和孢子壁都呈紫红色。

【流行特点】 曲霉菌在自然界中广泛存在，动物主要通过吸入含有孢子的空气以及采食含有霉菌的饲料而感染，因此羊舍潮湿、空气污浊、饲料发霉可促使本病的发生。

【临床症状】 轻症病羊常无明显表现，肺病变严重时有咳嗽、呼吸急促、气短等症状。

【剖检病变】 在肺脏形成大小不等的黄白色或灰白色肉芽肿结节，切开呈层状结构。镜检，其中心为干酪性坏死物，内含大量菌丝体，外围为上皮样细胞和巨细胞，最外层是肉芽组织形成的包囊，其中可见淋巴细胞和巨噬细胞。真菌特殊染色（如PAS染色）时，在结节内可观察到菌丝和孢子。有的结节发生坏死，其中也可见菌丝和孢子（图1-52）。

图1-52 肺脏霉菌性结节：结节主要由坏死物质组成，其中有大量核碎片；结节中心见大量霉菌菌丝和孢子（HEA×400）（陈怀涛）

【诊断】 本病的诊断可依据症状、病变和微生物学检查。

【预防】 预防曲霉菌性肺炎的主要措施是保持羊舍清洁，不使用发霉的垫料和不喂发霉的饲料，也可在饲料中添加制霉菌素等防霉、防腐制剂。目前尚无治疗本病的特效方法。

二十一、羊支原体性肺炎

羊支原体性肺炎又称羊传染性胸膜肺炎，是由支原体引起山羊和绵羊的高度接触性传染病。其特征为纤维素性胸膜肺炎所致的咳嗽、流鼻涕、呼吸困难等症状。

【病原】 病原有两种，一种是丝状支原体山羊亚种，只感染山羊，为细小、多形性微生物，革兰氏染色阴性（图1-53）。另一种是

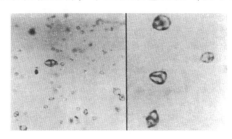

图1-53 支原体的形态：光学显微镜下的多形支原体，右侧图中有4个放大的支原体，在菌膜上见深染的"极点"（包慧芳）

绵羊肺炎支原体，对山羊、绵羊均有致病作用，也为细小多形性微生物，但生长要求较苛刻，与丝状支原体山羊亚种无交互免疫性。

【流行特点】 丝状支原体山羊亚种只感染山羊，3 岁以下的山羊最易感。冬、春季节易发病，常呈地方性流行。接触传染性很强，主要经呼吸道感染。感染率高，死亡率可达 60%～70% 或更高。而绵羊肺炎支原体对山羊和绵羊均有致病作用。

【临床症状】 病羊主要表现稽留高热、咳嗽、呼吸困难、流浆液性或黏脓性铁锈色鼻液。肺部叩诊有浊音区和实音区，听诊出现支气管呼吸音和摩擦音，按压胸部有疼痛感。有些病例发生腹泻，口腔黏膜溃烂，唇、乳房出现丘疹，妊娠母羊流产。死前体温下降，一般病程为 7～15 天。如病期延长，可影响羊的生长发育。

【剖检病变】 特征性病变见于肺和胸膜，呈典型的纤维素性胸膜肺炎变化（图1-54）。胸腔积液，混有絮状纤维素。炎症常波及一侧肺脏，偶见肺两侧，肺炎灶切面呈大理石样，小叶间质增宽，血管内有血栓形成。胸膜增厚、粗糙，有黄白色纤维素膜附着，病程久者肺胸膜和肋胸膜常有粘连（图1-55），肺、肝变区也可发生机化或形成包囊。镜检可见炎症区肺泡腔内有大量纤维素渗出，间质尤其是支气管周围有淋巴细胞、网状细胞增生（图1-56）。支气管和纵隔淋巴结肿大，切面湿润有出血。心包积液。

图1-54 肺炎：肺瘀血、出血、色红，呈明显肝变（邓光明）

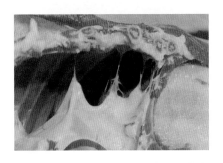

图1-55 肺粘连：肺胸膜与肋胸膜发生粘连（邓光明）

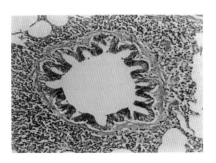

图1-56 支气管周炎：细支气管周围淋巴、网状细胞大量增生，其黏膜皱襞增多（包慧芳）

【诊断】 本病根据流行特点、症状和特征病变较易做出诊断，必要时可做病原分离鉴定和血清学试验。

【预防】 坚持自繁自养，勿从疫区引进羊。从外地新引进的羊要隔离、检疫，确认无病后方可混群饲养。用山羊传染性胸膜肺炎氢氧化铝灭活苗和鸡胚化弱毒苗进行免疫接种是预防本病的有效措施。山羊传染性胸膜肺炎氢氧化铝灭活苗，半岁以上羊每只5毫升，半岁以下羊每只3毫升，皮下或肌内注射即可。

【治疗】 可用卡那霉素、土霉素、四环素或磺胺类药物，还可用新胂凡纳明，均有较好疗效。

（1）新胂凡纳明（别名：914） 10毫升/千克体重，临用前用生理盐水或5%葡萄糖注射液溶解，制成5%～10%溶液，静脉注射。

（2）硫酸卡那霉素 10～15毫克/千克体重，肌内注射，每天2次。

（3）土霉素 20毫克/千克体重，每天分2次内服。

（4）螺旋霉素 10～50毫克/千克体重，肌内注射，每天1次，连用3～5天。

【诊治注意事项】 本病应与羊巴氏杆菌病相鉴别。本病具高度接触传染性，发病率与死亡率均很高，山羊易感染患病。

二十二、衣原体病

羊衣原体病是由亲衣原体引起，幼羊多表现为多发性关节炎和滤泡性结膜炎，而妊娠母羊则发生流产、死产和产弱羔。

【病原】 亲衣原体细小，呈球形或卵圆形，有细胞壁，革兰氏染色阴性。衣原体为专性细胞内寄生物，在增殖过程中可分为始体（初体）和原体（原生小体），始体无传染性，原体具有传染性。姬姆萨染色时较小的原体呈紫色，而形态大的始体被染成蓝色。在被感染的细胞内可看到由原体形成的多形态的包涵体，对本病具有诊断意义。

【流行特点】 衣原体病呈隐性潜在性经过。家畜中以羊、猪、牛较易感染，禽类感染后称为"鹦鹉热"或"鸟疫"。许多野生动物和禽类是本菌的自然储存宿主。患病和带菌动物是主要传染源，常经消化道、呼吸道、损伤的皮肤和黏膜感染，交配、人工授精、蜱、螨等昆虫叮咬也可传播本病。羔羊关节炎和结膜炎常见于夏、秋两季，多呈流行性，而妊娠母羊的流产则呈地方性流行，故称地方流行性流产。

【临床症状与剖检病变】 绵羊和山羊感染本病有不同的临床表现，可见以下 3 种病型。

（1）流产型 呈地方性流行。流产常发生在妊娠的最后 1 个月，病羊表现流产、死产和产弱羔（图 1-57），如继发感染子宫内膜炎，可导致死亡。流产羊胎膜水肿，子叶出血、坏死，呈黑红色或土黄色（图 1-58）。流产胎儿呈败血性变化，皮下水肿，皮肤、黏膜有出血点，肝脏表面可见针尖大小的灰白色病灶。镜检见胎儿肝、肺、肾、心肌和骨骼肌血管周围常有网状内皮细胞增生。

图 1-57 衣原体病：病母羊产出的弱羔体格弱小，难以站立（邱昌庆）

图 1-58 坏死性胎盘炎：病母羊流产的胎盘，子叶因出血、坏死而呈黑色（邱昌庆）

（2）关节炎型 多呈流行性，常见于夏、秋季，主要发生于羔羊，表现为多发性关节炎。病羊四肢关节尤其是腕关节和跗关节肿胀、疼痛，一肢或几肢跛行，弓背站立，重者卧地不起，发育受阻。几乎患关节炎的羔羊都伴有滤泡性结膜炎，但有结膜炎者不一定伴有关节炎。病变关节囊扩张、积液，滑膜有纤维素附着。数周后关节滑膜层因增生而变粗糙。

（3）结膜炎型 也呈流行性，常见于夏、秋季。多见于绵羊，病羊单眼或双眼结膜充血、水肿，流大量液体，角膜有不同程度的混浊，严重时出现血管翳、糜烂、溃疡或穿孔。数天后，在瞬膜和眼睑结膜上可见直径 1 ~ 10 毫米的淋巴滤泡。部分羊伴有关节炎。镜检可见淋巴滤泡增生。

【诊断】 根据流行特点、主要症状和病变可做出初步诊断，确诊需进一步做病原分离鉴定和血清学检查。病原鸡胚接种培养，可致鸡胚病变（图1-59）。

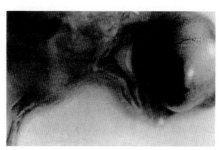

图1-59 衣原体传代培养可引致鸡胚死亡，并见充血、出血与水肿变化（邱昌庆）

【预防】 控制、消灭带菌动物，及时隔离流产羊及其所产弱羔，销毁流产胎盘和产出的死羔，污染的用具、羊舍和场地等用20%氢氧化钠溶液、3% ~ 5%来苏儿溶液等进行彻底消毒。流行地区用流产衣原体灭活苗进行免疫接种。

【治疗】 可使用抗生素或磺胺类药物，对发生结膜炎的病羊，可用土霉素软膏点眼。

（1）10%氟苯尼考 0.2 ~ 0.5 毫克/千克体重，肌内注射，每天1 ~ 2

次，连用1周。

（2）青霉素 80万～160万单位/只，肌内注射，每天2次，连用3天。

【诊治注意事项】 本病分为3种类型，其病状各不相同，诊断时应注意。因为这些症状可见于许多疾病，如流产可见于布鲁氏菌病、弯曲菌病、沙门氏菌病等，因此应与多种疾病鉴别。

二十三、钩端螺旋体病

钩端螺旋体病即细螺旋体病，简称钩体病，是哺乳动物和人共患的一种传染病。鼠类最易感，羊发病率较低。

【病原】 病原为似问号钩端螺旋体，一端或两端弯曲成钩状。在暗视野显微镜下呈细长的串珠状，运动活泼。革兰氏染色阴性，着色不良。镀银染色较好，呈棕褐色，但菌体变粗，螺旋不清（图1-60）。

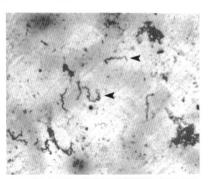

图1-60 钩端螺旋体形态：Fontana银染色法可将其染成棕褐色（◀），×1000（兰州兽医研究所）

【流行特点】 带菌鼠在本病传播上起重要作用。多发生于春、秋季温暖、潮湿、多雨的地区，尤其南方。

【临床症状】 羔羊常呈急性，表现体温升高，精神沉郁，不食，1～2天死亡。较大羔羊呈亚急性经过，病程1～2周或更长，体温稍升高；结膜发炎，有分泌物；可视黏膜贫血，呈浅黄白色；尿色浅红，身体末端部皮肤可见坏死。成年羊多呈慢性或隐性经过，身体消瘦，贫血，皮肤有坏死。有的孕羊发生流产、死产或产下体弱的胎儿。

【剖检病变】 流产羔羊皮下与肌间水肿，浆膜腔积液。急性病例的肝、肾变性，轻度黄疸，血尿，皮肤坏死；慢性病例消瘦，贫血，皮肤坏死，间质性肝炎、肾炎。流产羊见子宫内膜炎变化。

【诊断】 根据黄疸、贫血、水肿、皮肤坏死、肾炎等症状与病变，结合流行特点可做初步诊断。通过病原体检查和血清学试验可确诊本病。

【预防】 预防可接种钩端螺旋体菌苗或接种本病多价苗。严禁从疫区引进羊只。对病羊尿液污染的栏舍、场地和工具用 1% 石炭酸、0.1% 氯化汞或 0.5% 甲醛液消毒。

【治疗】

(1) 青霉素和链霉素 青霉素 20 万单位、链霉素 0.25 克、注射用水 5 毫升，羔羊一次肌内注射，每天 2 次，连用 3~5 天。

(2) 盐酸土霉素注射液 5~10 毫克/千克体重，静脉注射，每天 2 次，连用 2~3 天。

【诊治注意事项】 本病应注意与有流产症状的布鲁氏菌病、李氏杆菌病、衣原体病、弯曲菌性流产等疾病相鉴别。

二十四、口 蹄 疫

口蹄疫是由口蹄疫病毒引起偶蹄兽的一种急性热性高度接触性传染病。良性口蹄疫以口腔黏膜、蹄部和乳房皮肤发生水疱和溃烂为特征，恶性口蹄疫常因心肌炎而致动物死亡。本病流行快，危害严重。

【病原】 口蹄疫病毒为单股 RNA 病毒，具有多型性和易变性。现已知有 O 型、A 型、C 型、SAT 1 型、SAT 2 型、SAT 3 型（即南非 1 型、2 型、3 型）以及 Asia I 型（亚洲 1 型）7 个血清型。每一型又有亚型，亚型内又有许多抗原差异显著的毒株。各型之间临诊上没有什么差异，彼此间均无交叉免疫性。但同型各亚型之间交叉免疫程度变化幅度大，亚型各毒株之间也有明显的抗原差异。病毒的这种特性，给本病的检疫、防疫带来很大困难。

口蹄疫病毒对外界环境抵抗力强，但对日光、热、酸、碱敏感。常用的消毒剂有2%～4%氢氧化钠溶液、20%～30%草木灰水、1%～2%甲醛溶液、0.2%～0.5%过氧乙酸溶液、4%碳酸氢钠溶液以及1%强力消毒灵等。

【流行特点】 本病有发病急、流行快、传播广、发病率高、死亡率低、难以控制和消灭等特点。主要侵害偶蹄兽，人和其他动物偶可发生。偶蹄兽中以牛最易感，其次是猪，然后是绵羊、山羊和骆驼。牧区的病羊在流行病学上起着十分重要的作用，因患病症状轻，易被忽略，因此在羊群中成为长期的传染源。

本病主要感染途径为消化道，也可经损伤的皮肤、黏膜与呼吸道感染。新疫区常呈流行性，发病率高于老疫区。流行有明显的季节规律，如在牧区，一般在秋末开始，冬季加剧，春季减缓，夏季平息。

【临床症状】 病羊体温升高（40～41℃），食欲减退，流涎（图1-61）。口腔呈弥漫性口膜炎变化，常于唇内侧、齿龈、舌面、颊部和硬腭黏膜形成水疱，水疱破裂后形成边缘整齐的鲜红色或暗红色烂斑（糜烂），有的烂斑上附有一层浅黄色渗出物，干燥后形成黄褐色痂皮（图1-62）。此时病羊体温降至正常，糜烂逐渐愈合，如有细菌感染，糜烂则发展为溃疡，愈合后形成瘢痕。如病变仅限于口腔，1～2周病羊即可痊愈。但如波及蹄部或乳房，则经2～3周方能康复。病羊一般呈良性经过，病死率很低，仅为1%～2%。羔羊发病则呈恶性经过，常因心肌炎而死亡。

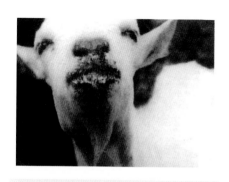

图1-61 从病羊口中流出含有泡沫的液体（沈正达）

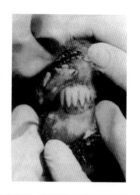

图1-62 口黏膜潮红，可见灰白色的水疱和溃疡（田增义）

【剖检病变】

(1) 良性口蹄疫 除口腔、蹄部和乳房等处可见水疱、烂斑外（图1-63，图1-64），在咽喉、气管、支气管、前胃等处有时也可看到烂斑或溃疡。

(2) 恶性口蹄疫 主要病变为心包腔积液，在室中隔、心房与心室壁上散在灰白色或灰黄色条纹、斑点，呈"虎斑心"外观。股部、肩胛部、颈部、臀部骨骼肌和舌肌也可见和心肌相似的条纹状和斑点状变性坏死灶。

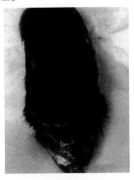

图1-63 蹄冠部皮肤水疱破裂后进一步发生溃烂、坏死
（甘肃农业大学兽医病理室）

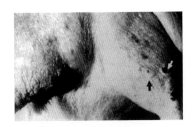

图1-64 奶山羊乳房皮肤上发生的水疱（↑）（沈正达）

【诊断】 根据流行特点、症状和病理变化可做出初步诊断，确诊必须进行病毒分离鉴定和血清学试验。

【预防】 一旦发现疫情，迅速通报，划定疫点、疫区，按"早、快、严、小"的原则，及时严格封锁、隔离、急宰、检疫、彻底消毒，对受威胁区的易感畜进行紧急预防接种。在最后一头病畜痊愈或屠宰后14天，如未再出现新病例，经大消毒后可解除封锁。无本病国家和地区应严禁从有本病国家和地区购进活畜及其产品、饲料、生物制品等，如有疫情发生，应将患病动物及同群动物全部扑杀销毁，并进行彻底消毒。对口蹄疫流行区，坚持用口蹄疫灭活苗进行免疫接种。

【治疗】 口蹄疫一般不治疗，病畜就地扑杀，进行无害化处理。羊被感染后多在 10 ~ 14 天自愈,因此仅在必要时(为缩短病程、防止继发感染而死亡),在严格隔离的条件下,及时对病羊进行对症治疗。

【诊治注意事项】 通常只要见到易感动物口腔、蹄、乳房出现水疱性病变,即应迅速报告疫情,并采集病料送指定的实验室诊断。病变主要在唇部时应注意与羊传染性脓疱和蓝舌病等相鉴别,但本病为大流行病,牛、猪也同时发病。羊传染性脓疱主要危害 2 ~ 6 月龄的羔羊,蓝舌病病羊口腔虽有瘀血、溃烂病变,但不形成水疱。

二十五、传染性脓疱

传染性脓疱又称传染性脓疱性皮炎,俗称"羊口疮",是由羊口疮病毒引起的人兽共患病,主要危害羔羊,以口、唇等处皮肤和黏膜依次形成丘疹、脓疱、溃疡和疣状厚痂为特征。

【病原】 羊口疮病毒为双股 DNA 病毒,对外界环境抵抗力强,但对高温敏感。常用消毒药物有 2% 氢氧化钠溶液、10% 石灰乳、20% 热草木灰水等。

【流行特点】 本病主要危害绵羊和山羊,以 2 ~ 6 月龄羔羊多发,常呈群发性流行。成年羊发病少,呈散发性流行。人、骆驼和猫偶可感染。病羊和带毒羊是传染源,主要经损伤的皮肤和黏膜感染,多发于秋季。由于病毒抵抗力较强,可连续多年危害羊群。人多因与病羊接触而感染。

【临床症状和剖检病变】 根据临床症状和病变特点可分为以下 3 型。

(1)唇型 此型较常见。病初在口角、上唇或鼻镜出现小红斑,继而变成小结节(图 1-65),随着病程发展,小结节发展成水疱或脓疱,脓疱破溃后形成疣状硬痂(图 1-66),呈良性经过时,结痂扩大、增厚、干燥,在 1 ~ 2 周内脱落并恢复正常。重症病例病变波及口、唇周围以及眼睑和耳壳等部位,形成大面积有龟裂、易出血的污秽厚痂,其下有肉芽组织增生,整个嘴唇肿大、外翻呈桑葚状或花椰菜头状,病程可达 2 ~ 3 周(图 1-67)。此外,唇内面、齿龈、软腭、舌、咽、瘤胃等处黏膜也可见结节、糜烂和溃疡(图 1-68)。

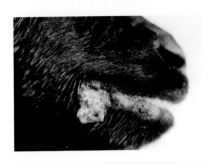

图1-65　口角部见疣状增生性病变
（陈可毅）

图1-66　增生性鼻唇炎：鼻唇部皮肤和黏膜高度增生并形成厚痂皮
（刘安典）

图1-67　增生性鼻唇炎：鼻唇部发生的花椰菜头状病变（甘肃农业大学家畜传染病室）

图1-68　坏死性口膜炎：齿龈和下唇内侧黏膜的坏死与烂斑
（许益民）

（2）蹄型　几乎仅侵害绵羊，多单独发生。常在蹄冠、蹄叉和系部皮肤依次发生类似于唇型的丘疹、水疱和脓疱，脓疱破裂后形成溃疡。继发感染则发生化脓坏死。病羊跛行或长期卧地。

（3）外阴型　此型较为少见。肿胀的阴唇和周围皮肤有溃疡，乳房和乳头皮肤发生脓疱、烂斑和痂皮。阴道有黏性或脓性分泌物。公羊阴鞘和阴茎上也可见小脓疱和溃疡。

上述 3 型可独立发生，也可混合发生。

【诊断】 根据特征性病变和流行特点不难做出诊断。必要时进行血清学诊断、电镜检查病毒和动物试验。

【预防】 严禁从疫区引进羊或购入饲料、畜产品，引进羊必须隔离观察 2 ~ 3 周，经多次检疫，并对其蹄部彻底清洗和消毒，证明无病后方可混入大群饲养。因本病主要经创伤感染，故在采取综合性防治措施的同时，应注意避免皮肤、黏膜损伤，尽量清除饲料或垫料中的芒刺和异物，并加喂适量食盐，以减少羊只啃土、啃墙引起的口部损伤。发现病羊及时隔离治疗。被污染的草料应烧毁，圈舍、用具可用 2% 氢氧化钠溶液、10% 石灰乳或 20% 热草木灰水消毒。

【治疗】 用水杨酸软膏涂抹病变部位，软化并除去痂垢，再用 0.2% ~ 0.3% 高锰酸钾溶液冲洗创面，或用浸有 5% 硫酸铜溶液的棉球擦净溃疡面上的污物，之后涂以 2% 甲紫、碘甘油（5% 碘酊加入等量的甘油）或土霉素软膏，每天 1 ~ 2 次。蹄型病羊应将蹄部置于 2% ~ 4% 甲醛溶液中浸泡 1 分钟，连续浸泡 3 次；也可隔日用 3% 甲紫溶液、1% 苦味酸溶液或土霉素软膏涂拭患部。

【诊治注意事项】 本病注意与绵羊痘、口蹄疫、蓝舌病以及坏死杆菌病等有皮肤黏膜病变的疫病相鉴别。但本病的病变特征明显，只要仔细观察，一般不易和其他疾病混淆。相关人员在接触病羊时，应注意个人防护，以免经损伤的皮肤感染。流行区用羊口疮弱毒苗进行免疫接种，使用的疫苗株毒型应与当地流行毒株相同。

二十六、小反刍兽疫

小反刍兽疫是由小反刍兽疫病毒引起的一种急性接触性传染病，其特征是消化道黏膜的出血-坏死性炎症。

【病原】 小反刍兽疫病毒为麻疹病毒属的成员，其理化与免疫学特性与牛瘟病毒相似，但其病毒颗粒较大。

【流行特点】 本病毒主要感染小反刍动物，如羊、羚羊、白尾鹿等，以幼龄绵羊、山羊发病率最高，可达 100%，病死率也很高，达 80% ~ 100%。我国西藏等地有本病发生。

【临床症状】 病初体温升高、精神沉郁，结膜与鼻黏膜发炎并流出黏脓性分泌物，呼出恶臭的气体。以后唇部水肿，口、唇部黏膜充血、出血与糜烂、溃疡，排出血水样粪便（图1-69）。最后脱水、消瘦、呼吸困难、衰竭死亡。

图1-69 病羊口、唇部水肿，糜烂坏死，口黏膜潮红（独军政）

【病理变化】 眼观除结膜炎变化外，主要变化为坏死性唇皮肤炎、口膜炎以及皱胃和小肠出血、糜烂与溃疡（图1-70、图1-71）。结肠后部浆膜见斑马条纹状出血和黏膜出血、坏死，脾有坏死灶，上呼吸道有出血斑点，肺呈支气管肺炎变化。镜检见感染细胞（口与胃肠道黏膜上皮、肺泡上皮、支气管黏膜上皮、淋巴组织的细胞）常形成合胞体，其细胞质中可发现包涵体，舌黏膜和唇部皮肤上皮细胞可见明显的细胞质包涵体（图1-72、图1-73）。脾、肺等器官也有明显病变（图1-74、图1-75）。

图1-70 舌黏膜充血，可见不少糜烂（独军政）

图1-71 肠黏膜充血潮红，并有几个出血斑点（独军政）

图1-72 舌黏膜表层坏死、脱落，黏膜层增厚，上皮变性、肿大（陈怀涛，独军政）

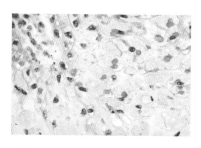

图1-73 舌黏膜上皮细胞变性、肿大，可见明显的嗜酸性、圆形细胞质包涵体（陈怀涛）

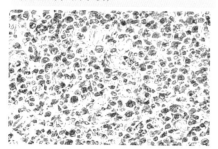

图1-74 脾淋巴细胞明显减少，网状细胞增生，含铁血黄素沉着（陈怀涛）

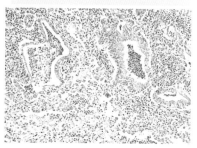

图1-75 肺泡上皮增生、脱落，肺泡腔有不少脱落的上皮细胞、巨噬细胞和中性粒细胞，细支气管黏膜上皮增生、变性、脱落，管腔中有许多脱落的上皮细胞、巨噬细胞、中性粒细胞和黏液（陈怀涛，尚佑军）

【诊断】 根据体温升高、腹泻，口腔、皱胃与肠黏膜的出血-坏死性炎症变化，可怀疑为本病，镜检如发现感染细胞质与胞核包涵体，可基本做出诊断。确诊应采取病料进行病毒分离鉴定及血清学试验。

【预防】 严禁从存在本病的国家或地区引进相关动物。一旦发生本病，应按国家有关法规采取紧急措施，扑杀患病和同群动物，对疫区和受威胁区的动物，可用牛痘组织培养菌进行紧急预防接种。

【诊治注意事项】 本病的症状、病变与蓝舌病相似，注意鉴别。

二十七、蓝舌病

蓝舌病是由蓝舌病病毒引起反刍动物的一种急性非接触性传染病。其特征是舌瘀血发绀，口腔、食管与前胃黏膜出血-坏死性炎症。

【病原】　蓝舌病病毒为 RNA 病毒，有 25 个血清型，经库蠓等吸血昆虫传播疾病。

【流行特点】　本病主要发生于库蠓等吸血昆虫活动的夏季和早秋低洼湿地。多发于 1 岁左右的绵羊，尤其欧洲纯种美利奴羊，山羊、牛以及鹿等野生反刍兽也可感染。

【临床症状】　病初病羊体温升高，高达 40.5～41.5℃，白细胞减少，流涎，流鼻液，口黏膜瘀血，舌常发绀。以后口、鼻黏膜坏死糜烂，吞咽困难，因蹄部皮肤坏死而出现跛行。

【剖检病变】　舌发绀，口、食道、前胃黏膜出血、糜烂与溃疡（图1-76、图1-77）。心内、外膜、肺动脉与主动脉基部、小肠黏膜等处有明显出血。颈、肩、背、股部等骨骼肌及心室乳头肌可见灰白色斑点或条纹状坏死灶。蹄部组织出血、坏死。

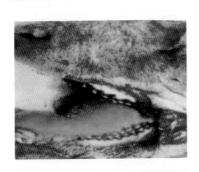

图1-76　舌高度瘀血，呈蓝紫色（徐有生，刘少华）

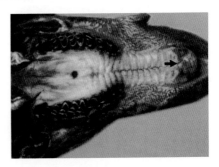

图1-77　硬腭黏膜见出血斑点（→）（徐有生，刘少华）

【诊断】　根据流行特点、典型症状和上消化道与骨骼肌、心肌的坏死变化等，一般可对本病做出诊断。如欲确诊，可用患病早期病羊血液接种易感绵羊和免疫绵羊，或通过鸡胚等分离病毒，进一步确定毒型。也可用血清学方法检测特异性抗体。

【预防】

1）严禁从有本病的国家或地区引进羊只。

2）严禁用带毒精液进行人工授精。

3）不在吸血昆虫频繁活动的低湿地放牧。

4）因本病毒血清型多，应确定并选用当地流行的血清型疫苗，以获得满意效果。弱毒苗接种有副作用，如可致毒血症、引起流产等，应用时必须注意。

5）新发病地区应进行紧急预防接种，并淘汰全部病羊。

【治疗】 现无有效药物。疑似病羊加强管理，进行对症治疗。

【诊治注意事项】 因本病有口、鼻、舌、蹄的坏死病变，故应与口蹄疫、传染性脓疱、坏死杆菌病等疾病鉴别，但这些疾病均没有口和舌部的严重瘀血、上消化道的糜烂，溃疡病变及多器官的出血、坏死变化。

二十八、绵 羊 痘

绵羊痘是绵羊的一种急性、热性、接触性传染病，由绵羊痘病毒引起，以皮肤、黏膜和内脏发生痘疹为特征。

【病原】 绵羊痘病毒为DNA病毒，主要存在于病羊皮肤和黏膜上的丘疹、脓疱以及痂皮内，鼻分泌物和发热期血液内也有病毒存在。本病毒对直射阳光、高热敏感，一般消毒药物便可将其灭活。

【流行特点】 绵羊痘以冬末、早春多发，常呈地方性流行。在自然条件下，绵羊痘仅发生于绵羊，羔羊易感，而且发病率、病死率高。妊娠母羊可发生流产。病羊和带毒羊为主要传染源，主要通过呼吸道传播，也可经损伤的皮肤、黏膜感染。

【临床症状】 病程为3~4周。流行初期只有个别羊发病，以后逐渐蔓延至全群。病羊体温升高（41~42℃），食欲减退，眼睑肿胀，眼、鼻有浆液性或黏液性分泌物。经1~4天后出现痘疹，起初发生在全身无毛或少毛部位，以后毛多的部位也受到侵害，典型绵羊痘一般要经红斑期（皮肤、黏膜出现红斑）、丘疹期（红斑发展成坚硬的小结节）、结痂期（痘疹坏死、干燥结痂）和脱痂期（痂皮脱落，遗留红色或白色瘢痕，最后痊愈）。非典型病例常发展到丘疹期而终止，呈"顿挫型"经过。如继发感染，常出现脓疱或坏疽，发出恶臭气味。

【病理变化】　痘疹主要发生在皮肤，其病变实质是表皮的增生、变性和坏死以及真皮的炎症变化。初期痘疹表现为绿豆至豌豆大的圆形红斑，继而转变成直径为 0.5~1 厘米的丘疹，稍突出于皮肤表面，颜色由深红色逐渐变为灰白色或灰黄色（图 1-78，图 1-79），周围有红晕，之后多经坏死、结痂和表皮再生而愈合。镜检，真皮呈典型的浆液性炎症变化，表现为充血、出血、水肿、炎性细胞浸润以及血管炎和血栓形成，巨噬细胞增多并可见嗜酸性细胞质包涵体。表皮增生变厚，变性的棘细胞质中也可见包涵体（图 1-80）。除皮肤外，痘疹还见于口腔、鼻腔、喉头、气管、前胃和皱胃等处黏膜（图 1-81）。

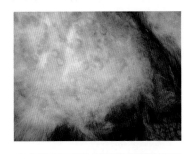

图 1-78　皮肤痘疹：皮肤散在许多浅红色痘疹（张强）

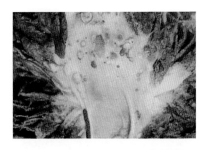

图 1-79　尾内侧皮肤痘疹：尾内侧皮肤的化脓性痘疹（脓痘），色黄；有的脓疱已破溃，可见红色溃烂面（陈怀涛）

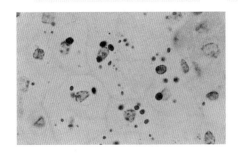

图 1-80　细胞质包涵体：在增生变性的皮肤表皮细胞质中，见大小不等的包涵体，色深红，形圆或椭圆（陈怀涛）

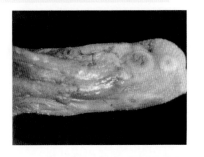

图 1-81　舌痘疹：舌腹面见几个圆形痘疹，其周围隆起，中心稍凹陷（甘肃农业大学兽医病理室）

肺脏也是绵羊痘的常发部位,病变主要在膈叶,呈结节状,大小不等,散在分布。肺病变常位于肺胸膜下,多为圆形,呈灰白色或灰红色(图1-82)。镜下可见肺泡上皮和间叶细胞明显增生(图1-83)。

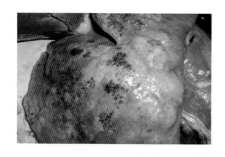
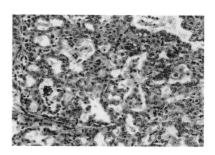

图1-82 肺痘疹:肺表面有许多大小不等的灰白色痘疹,微突,表面平滑(张强)

图1-83 肺痘疹的组织变化:肺泡上皮增生,致肺泡呈腺泡样(陈怀涛)

【诊断】 典型绵羊痘根据皮肤、黏膜和肺脏的痘疹病变,结合体温升高和发病先少后多的流行特点一般可以确诊,非典型病例则须进行实验室检查。

【预防】 定期注射绵羊痘鸡胚化弱毒疫苗,每只羊0.5毫升,尾根内侧或股内侧皮内注射,免疫期1年。严禁从疫区引进羊只或购入羊肉、羊毛等产品。发生疫情时,划区封锁,隔离病羊,彻底消毒环境,病死羊尸体要深埋。对疫区和受威胁区未发病羊实施紧急免疫接种。

【治疗】 本病目前尚无特效治疗药物,常采用对症治疗等综合性措施。皮肤痘疹用2%来苏儿溶液冲洗,并涂布抗菌药物软膏;或用5%碘酊或甲紫药水。黏膜痘疹用0.1%高锰酸钾溶液冲洗后,涂抹甲紫药水或碘甘油。如有继发感染,肌内注射青霉素80万~160万单位,每天1~2次,或用10%磺胺嘧啶钠注射液10~20毫升,肌内注射1~3次。有条件的还可用免疫血清治疗,每只羊皮下注射10~20毫升。如用康复羊血清,预防量成年羊每只皮下注射5~10毫升,小羊2.5~5毫升,治疗量加倍。

【诊治注意事项】 本病应与传染性脓疱、螨病相鉴别。但传染性脓疱的病变主要发生于口、唇部（蹄型和外阴型少见），厚痂和其下肉芽组织增生明显；螨病主要发生于寒冷季节，皮肤病变部痂皮、脱毛明显，有奇痒感。

二十九、山羊痘

山羊痘由山羊痘病毒引起，其临床症状和病理变化与绵羊痘相似，主要在皮肤和黏膜上形成痘疹（图1-84、图1-85）。山羊痘病毒和绵羊痘病毒同属于痘病毒科、山羊痘病毒属。病毒核酸为DNA。在自然条件下本病较为少见，仅感染山羊，同群绵羊不受感染。

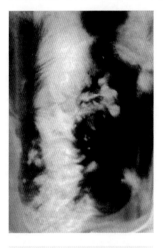

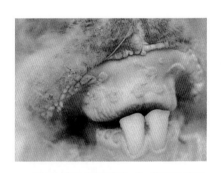

图1-84　面部痘疹：眼周围与鼻、唇等部皮肤散在多发性痘疹（甘肃农业大学兽医病理室）

图1-85　口黏膜痘疹：口黏膜发生的圆形痘疹（甘肃农业大学兽医病理室）

【防治】　山羊痘以往是用绵羊痘鸡胚化弱毒苗进行免疫接种，但现已研制出山羊痘活疫苗，并用于预防，每只羊0.5毫升，股内侧或尾根内侧皮内注射，免疫期1年。其他防治措施参考绵羊痘的防治。

三十、山羊病毒性关节炎-脑炎

山羊病毒性关节炎-脑炎是山羊的一种慢性传染病。以成年山羊慢性多发性关节炎、羔羊脑脊髓炎为特征。

【病原】 本病病原为山羊关节炎-脑脊髓炎病毒,是单股 RNA 病毒,其形态结构和生物学特性与梅迪-维斯纳病病毒相似。

【流行特点】 各种年龄的山羊均可感染,但以成年山羊多发。病毒可经乳汁感染羔羊。被污染的牧草、饲料、饮水和用具等均可成为传播媒介。主要通过消化道感染。在自然条件下,绵羊不感染本病。

【临床症状】 根据症状和病变分为以下 4 型。

(1) 关节炎型 多发生于 1 岁以上成年山羊,病程较长,为 1~3 年。炎症部位主要在腕关节,其次为膝关节和跗关节。炎症初期关节周围组织肿胀、发热、有波动感、疼痛,有程度不同的跛行(图 1-86)。进而关节显著肿大,行动不便,前膝跪地、膝行,个别病例颈浅淋巴结等淋巴结肿大。

图 1-86 关节炎:成年奶山羊两前肢腕关节肿大(李健强)

(2) 脑脊髓炎型 主要发生于 2~4 月龄羔羊。病初表现精神沉郁、跛行,进而四肢僵硬、共济失调、一肢或数肢麻痹、四肢划动。有些病羊眼球震颤、惊恐、角弓反张、头颈歪斜或做圆圈运动(图 1-87)。也有病例可见面神经麻痹、吞咽困难、双目失明。病程为半个月至数年,病羊多以死亡告终。

(3) 间质性肺炎型 此型较为少见,各种年龄均可发生,但成年山羊多发,病程 3~6 个月。病羊表现进行性消瘦、咳嗽、呼吸困难。

(4) 硬结性乳腺炎型 哺乳母羊可发生乳腺炎,乳房硬肿,少乳或无乳(图 1-88)。

图1-87 脑炎症状: 病羔羊呈头颈歪斜、后仰等神经症状(李健强)

图1-88 乳腺炎: 病羊分娩后乳房硬肿、发红, 产奶量减少(李健强)

上述4种病型可独立发生, 也可混合发生。

【病理变化】

(1) 关节炎型 关节肿胀, 关节腔充满黄色或浅红色液体, 其中混有纤维素絮状物。滑膜呈慢性炎症变化, 增厚、有点状出血, 常与关节软骨粘连。

(2) 脑脊髓炎型 主要呈现非化脓性脑炎变化。

(3) 间质性肺炎型 眼观仅见肺稍肿大, 质地较硬, 表面散在灰白色小点, 切面有大叶性或小叶性实变区。镜检呈典型的间质性肺炎变化。在细支气管和血管周围有单核细胞形成的"管套", 肺泡上皮增生、化生, 肺泡隔增厚, 小叶间结缔组织增生。

(4) 硬结性乳腺炎型 镜检可见间质有大量淋巴细胞、浆细胞以及单核细胞浸润, 并伴有间质灶状坏死。

【诊断】 根据症状和病变特征可怀疑为本病, 确诊应依靠病原分离鉴定和血清学试验, 如琼脂扩散试验。

【预防】 本病目前尚无疫苗预防, 亦无有效治疗方法, 故应定期检疫羊群, 及时淘汰血清学反应阳性的羊只。

【诊治注意事项】 本病的症状和病变明显, 但不能仅依此做出诊断。许多传染病与非传染病都可出现类似症状, 必须排除。本病应与梅迪-维斯纳病相鉴别。后者肺膨大明显, 淋巴细胞性肺炎、脑炎、关节炎、乳腺炎很突出, 脑白质有脱髓鞘空洞形成。

三十一、绵羊痒病

绵羊痒病又称慢性传染性脑炎，俗称"瘙痒病""驴跑病"，是由痒病朊病毒引起的一种慢性进行性传染病，主要侵害成年绵羊的中枢神经系统，以神经细胞空泡变性为特征。临床上主要表现剧痒、进行性共济失调，最后瘫痪死亡。

【病原】 痒病朊病毒又称蛋白侵袭因子，不同于已知的病毒和类病毒，是一种异常稳定的、不含核酸的特殊糖蛋白，为特殊传染因子，靶细胞为神经细胞。动物感染该病毒后，不发热，不产生炎症，无特异性免疫应答反应。朊病毒对多种理化因素有很强的抵抗力。

【流行特点】 本病主要发生于 2～4 岁的绵羊，山羊自然感染极少。可垂直和水平传播，呈散发流行。羊群一旦感染本病，则很难根除。除绵羊和山羊外，痒病朊病毒还可人工感染多种实验动物。

【临床症状】 潜伏期 1～3 年或更长，病羊主要表现神经症状并逐渐加剧。病初精神沉郁、敏感、运动失调，驱赶时呈"驴跑"姿势，反复跌倒。后期共济失调加重，后躯麻痹，卧地不起，机体消瘦、衰弱，出现昏迷，所有病羊均以死亡告终。在发病期间，病羊还有瘙痒症状，常啃咬或摩擦痒部，致使皮肤被毛脱落、红肿、溃烂（图 1-89、图 1-90）。头颈部和腹肋部肌肉发生震颤。

图 1-89 病羊在绳索下摩擦发痒的背部皮肤（冯泽光）

图 1-90 病羊于疾病后期卧地不起，啃咬发痒的前肢皮肤（冯泽光）

【病理变化】 尸体除消瘦、皮肤有损伤外，无其他明显肉眼可见病变。镜检，病变主要位于中枢神经系统的脑干和脊髓，常呈两侧对称，无炎性反应。典型病变为神经元皱缩和空泡变性、灰质海绵状变性（神经基质空泡化所致）、星形胶质细胞肥大与增生（图1-91）。

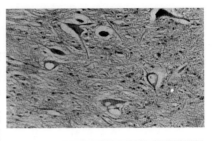

【诊断】 主要根据典型症状和脑脊髓组织学变化进行诊断。病理组织学检查是目前最重要的诊断方法。必要时也可进行动物感染试验、异常朊病毒蛋白的免疫学检测和痒病相关纤维的检查等。

【预防】 本病目前尚无有效治疗方法，也无特异性预防用的免疫制剂。羊群一旦发生本病，极难

图1-91 延髓神经元的空泡变性：神经元中有大小不一的空泡，核被挤压于一侧（HE×400）（冯泽光）

清除。因此，如有发病，必须采取果断措施，将病羊和同群羊全部扑杀、焚烧、深埋。

【诊治注意事项】 本病的神经症状应与梅迪-维斯纳病和螨病相鉴别，梅迪-维斯纳病无剧痒症状而有肺炎病变；螨病虽有皮肤痒感症状，但无神经症状和脑海绵状变性病变等。本病在我国尚未见发生，在诊断上应十分谨慎。为了预防本病，一定要加强绵羊的进出口检疫。

三十二、绵羊肺腺瘤病

绵羊肺腺瘤病又称绵羊肺癌或"驱羊病"，是成年绵羊的一种慢性肿瘤性传染病。其特征为肺泡和细支气管上皮呈腺瘤样增生，并有呼吸困难症状。

【病原】 病原为绵羊肺腺瘤病病毒。本病毒抵抗力不强，对氯仿、乙醇和酸性环境等敏感。

【流行特点】 本病在我国西北和内蒙古地区均有发生，呈地方性流行或散发，病羊是主要传染源，常经呼吸道传播。各品种和年龄的绵羊均可发病，但以3~5岁羊多见。

【临床症状与病理变化】 病变局限于肺和局部淋巴结。肺脏有大小和数量不等的灰白色肿瘤结节（图1-92），在病后期结节融合，形成更大的肿块，严重时一侧肺脏几乎变成一个肿块，其切面湿润（图1-93），如有继发感染则有化脓。个别病例发生肿瘤转移，在支气管淋巴

结和纵隔淋巴结形成灰白色肿瘤结节。

镜检，典型病变为肺泡上皮发生肿瘤性肥大、增生，并突入肺泡腔中形成乳头状凸起。呼吸性细支气管上皮也发生肿瘤性乳头状增生变化。肺泡隔和小叶间结缔组织增生，有程度不同的淋巴细胞和浆细胞浸润（图1-94），腺瘤病变附近的肺泡中有大量巨噬细胞积聚（图1-95）。病变严重时肺组织被结缔组织取代，导致肺广泛纤维化。如有继发感染，则见大量中性粒细胞浸润，甚至形成脓肿。

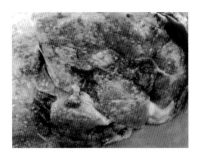

图1-92 肺表面散在大小不等的灰白色肺腺瘤结节（贾宁）

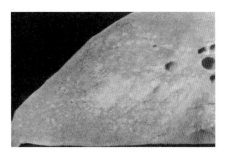

图1-93 肺切面见许多大小不等的灰白色结节，有些结节已融合为团块（陈怀涛）

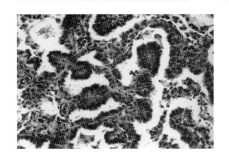

图1-94 肺腺瘤的组织结构：肺泡因其上皮细胞增生而呈腺泡样，有些增生的上皮呈乳头状凸起伸向肺泡腔，肺泡间隔的结缔组织也增生并深入凸起中（HE×200）（朱宣人）

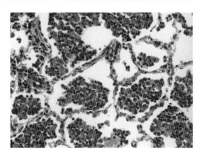

图1-95 巨噬细胞性肺泡炎：腺瘤灶附近的肺泡腔中巨噬细胞大量积聚，其中杂有少量中性粒细胞和嗜酸性粒细胞（HE×400）（朱宣人）

【诊断】 根据症状可怀疑为本病，死后病理组织学检查可以确诊。"手推车试验"（即将病羊两后肢提起，常从鼻孔流出清亮鼻液）是生前检查的重要方法，但无鼻液流出也不能否定本病的存在。

【预防】 加强防疫工作，严禁从有本病的国家和地区引进羊只。一旦发现病羊，立即扑杀，淘汰全群，重新建立健康羊群。目前本病尚无有效治疗方法。

【诊治注意事项】 本病应与巴氏杆菌病、梅迪-维斯纳病和肺线虫病相鉴别。巴氏杆菌病呈急性经过，病原为两极染色的巴氏杆菌；梅迪-维斯纳病表现淋巴细胞性间质性肺炎和脑炎；而肺线虫病的肺病变切面常可挤出肺线虫。

三十三、梅迪-维斯纳病

梅迪-维斯纳病是成年绵羊的一种慢性接触性传染病，病原为一种病毒，但有两种病型，称为梅迪病和维斯纳病。梅迪病的特征为慢性进行性间质性肺炎，而维斯纳病的特征则为慢性脑脊髓炎和灶性脱髓鞘性脑脊髓白质炎。

【病原】 本病由梅迪-维斯纳病毒引起，为单股 RNA 病毒，主要存在于病羊和感染羊的肺脏、纵隔淋巴结和脾脏等组织。

【流行特点】 本病多发于 2～4 岁的成年绵羊，山羊也可感染，新疆、内蒙古、甘肃等地见有本病，一年四季均可发生，发病率可高达4%左右，死亡率为100%。本病主要通过呼吸道感染，也可经胎盘、乳汁垂直传播。

【临床症状】 本病潜伏期很长，一般为 1～3 年或更长。

（1）肺型（梅迪病） 病羊咳嗽，呼吸困难并逐渐加重，鼻孔扩张，头高仰，体温正常，体重逐渐下降，在持续 2～5 个月甚至数年后常以死亡告终。

（2）脑脊髓型（维斯纳病） 本病型主要表现运动失调，由轻瘫发展成全瘫，最终麻痹死亡，有时口、唇和眼睑震颤，头偏向一侧。脑脊液中淋巴细胞增多，病情一般发展很缓慢，并逐渐恶化，病程为数月或数年。

【病理变化】

（1）肺型（梅迪病） 呈典型的间质性肺炎变化。眼观，肺显著膨大，可达正常肺的 2～4 倍，剖开胸腔时不塌陷，重量增加，病变部位呈灰白色或红色，质地坚实似橡皮。透过肺胸膜和在肺切面可看到针尖大小的灰白色小结节（图 1-96、图 1-97），在肺表面还可看到因小叶间质增宽而呈现的细网状花纹。支气管淋巴结明显肿大。镜检，肺泡间隔、支气管和血管周围、小叶间和胸膜下有明显的网状细胞和淋巴细胞增生，并有淋巴滤泡形成（图 1-98）。肺泡腔缩小或闭塞，肺泡上皮化生为立方上皮，有些肺泡内充满巨噬细胞。支气管淋巴结呈慢性增生性淋巴结炎变化。

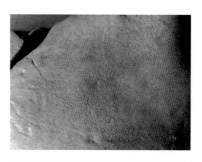

图 1-96 肺炎型：肺膨大、不塌陷，表面散布大量灰白色半透明的小结节（陈怀涛）

图 1-97 肺结节：肺切面见许多灰白色小结节（陈怀涛）

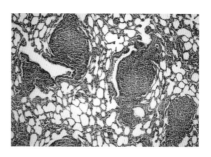

图 1-98 间质性肺炎（滤泡性肺炎）：肺组织中淋巴滤泡增生，其生发中心明显（HE×100）（陈怀涛）

（2）脑脊髓型（维斯纳病） 眼观，无显著病变。镜检，脊髓和脑底发生非化脓性脑脊髓炎，脑膜因淋巴细胞浸润和纤维增生而增厚。在脑和脊髓的实质可见神经胶质细胞增生和血管管套形成。白质出现灶性脱髓鞘，在脑膜和脑底脑膜附近形成脱髓鞘腔，白质中有明显的淋巴细胞性血管管套。小脑白质几乎被完全破坏，灰质则无损伤。

【诊断】 根据流行特点、症状、病变特征尤其是病理组织学特征，即可对本病做出诊断。确诊需要进一步做病毒检查和血清学试验。

【预防】 目前本病尚无有效防治方法。应以严格执行兽医防疫措施为主，如坚持不从疫区引进种羊，病理检查或血清学试验证明本病存在时，应扑杀病羊及其接触羊，羊舍、饲养管理用具用2%氢氧化钠溶液彻底消毒，尸体销毁、深埋，污染牧场停止放牧1个月以上。

【诊治注意事项】 本病注意与绵羊肺腺瘤病、肺线虫病以及有神经症状的疾病相鉴别。

三十四、狂犬病

狂犬病俗称"疯狗病"，是由狂犬病病毒引起人兽共患的一种急性接触性传染病。本病的特征是动物狂暴不安和意识紊乱，终因麻痹而死亡。

【病原】 狂犬病病毒属RNA病毒，是一种嗜神经性病毒。病毒在病畜体内主要存在于中枢神经和唾液腺中。在唾液腺和中枢神经，尤其在大脑海马角、大脑皮质和小脑神经细胞的胞质内可形成本病特异的包涵体，即内格里氏小体，这种包涵体在1个神经细胞中为1个至数个、大小不等、形圆、呈均质嗜酸性。

【流行特点】 羊、犬、人等均可感染发病，呈散发。病犬或野生带毒肉食兽（野犬、狼、狐等）是主要传染源。病犬或其他患病动物的咬伤是主要传播途径，因唾液中的病毒可进入体内。受损的皮肤、黏膜以及呼吸道和消化道也可感染或传播病毒。

【临床症状】 病羊可表现兴奋、狂躁不安，有攻击行为，或明显沉郁、咽喉麻痹，吞咽困难，流涎张口，最终麻痹衰竭死亡。

【病理变化】 尸体除消瘦并常有外伤外，无其他特异变化。胃内无食物但有异物，脑主要为非化脓性脑炎变化，可见狂犬病结节

（胶质细胞结节）和神经细胞质内嗜酸性包涵体（内格里氏小体）形成（图1-99）。

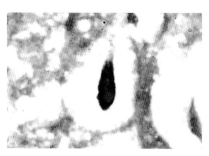

图1-99 脑神经细胞质中见一椭圆形红色包涵体（HE×400）（陈怀涛）

【诊断】 根据病羊狂暴、攻击性症状和被狂犬病病畜咬伤史，一般可做出诊断。大脑海马角、小脑触片或组织切片检查神经细胞质包涵体，或用荧光抗体法检查病毒抗原等可进一步确诊。

【防治】 扑杀病犬，养犬必须按规定接种狂犬病疫苗，受威胁的羊应接种灭活苗。羊或其他动物被患狂犬病的动物或可疑患病动物咬伤时，应立即用肥皂水清洗伤口，再用0.1%氯化汞溶液或碘酊涂抹伤口，并立即接种狂犬病疫苗，如有条件也可用免疫血清进行治疗。被咬伤的羊也可扑杀，以免危害人、畜。

【诊治注意事项】 本病有神经症状，因此应注意与伪狂犬病、流行性乙型脑炎相鉴别。

第二章

寄生虫病

一、细颈囊尾蚴病

细颈囊尾蚴病是由泡状带绦虫的幼虫——细颈囊尾蚴寄生于猪、羊、黄牛等多种动物体内引起的一种寄生虫病。

【病原】 细颈囊尾蚴呈囊泡状，大小不一，从豌豆大至鸡蛋大或更大，内含透明液体，囊壁上附有一个乳白色且具有细长颈部的头节（图2-1）。其成虫泡状带绦虫寄生于犬、狼、狐狸等肉食动物的小肠内。

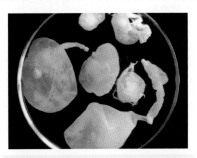

图2-1 离体的细颈囊尾蚴：注意每个囊泡中均有一个乳白色头节，有的头节已被翻出（陈怀涛）

【流行特点】 本病广泛分布于世界各地，凡养犬的地方都有本病发生。在我国，本病以猪的发生最为普遍，绵羊则在牧区感染较多，感染率可达25%（2~12月龄的绵羊感染率最高），但死亡率不高。

【临床症状】 成年羊除个别感染后特别严重，呈现消瘦、虚弱、黄疸症状外，其他一般无明显症状，而羔羊常有较明显的症状（如消瘦、虚弱、黄疸）；有的病羔发生急性腹膜炎，体温升高并有腹水，约2周后可转为慢性。

【剖检病变】 病变主要在肝脏和腹腔浆膜（图2-2），急性病例肝脏肿大，质地稍软，被膜粗糙，被覆大量灰白色纤维素性渗出物，并可见散在的出血点。在肝被膜下和肝实质中，可见直径1~2毫米的弯曲索状病灶，初呈暗红色，后期转为黄褐色。在网膜、肠系膜和胃肠浆膜等腹腔浆膜上（图2-3），可见带蒂的成熟囊尾蚴囊泡。严重时，1只羊可见几十个甚至上百个囊泡，成串地悬挂在腹腔浆膜上，并可见局限性腹膜炎。

图2-2 细颈囊尾蚴：肝浆膜面有1个细颈囊尾蚴寄生，囊泡中有一个明显的灰白色头节，局部肝组织受压下凹（李晓明）

图2-3 悬挂在羊网膜上的2个囊泡状细颈囊尾蚴，左侧的已死亡，囊泡中的液体变混浊，右侧为活的细颈囊尾蚴，囊泡中含有浅黄色清亮的液体（陈怀涛）

【诊断】 本病由于症状较轻，且无特异性，故生前诊断很困难，只有在尸体剖检或宰后检验时，才能确诊。

【预防】 本病目前尚无有效治疗方法。预防本病要加强饲养管理，保持牧场清洁干燥，注意饮水卫生，粪便应堆积发酵。由于犬、狼、狐狸等肉食动物（尤其是犬）为细颈囊尾蚴的终末宿生，因此在流行区内严禁用带有细颈囊尾蚴的内脏喂犬，并对犬定期进行驱虫，可有效防止本病的发生。

可给流行区内的犬饲喂驱除绦虫的药物，如用阿的平，0.1~0.2克/千克体重；丙硫苯咪唑，25~50毫克/千克体重，一次喂服；吡喹酮，50~80毫克/千克体重，一次肌内注射，隔2天再注射一次。

【诊治注意事项】 给犬饲喂驱除绦虫药时，一般将药物放入犬喜吃的食物中，这样容易被全部吞食。

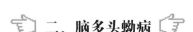

二、脑多头蚴病

脑多头蚴病是由多头绦虫的幼虫——脑多头蚴（脑包虫）引起的一种羊寄生虫病。

【病原】 脑多头蚴寄生于绵羊、山羊和其他反刍动物的脑内，尤其是2岁以下的绵羊极易感染，并引起发病甚至死亡。其成虫为多头绦虫，寄生于犬和其他肉食动物的小肠中。

【流行特点】 本病分布广泛，在我国内蒙古、新疆、青海、宁夏等地以及甘肃省的牧区经常发生，其他地区也有发现，尤其多见于犬类活动频繁的地区。

【临床症状】 病羊常呈明显的转圈运动或向前直冲，共济失调，步态蹒跚，视力减退甚至失明，有时病羊离群落后，躺卧不起。若脑多头蚴寄生于大脑半球，病羊常向有虫体的一侧旋转；寄生于小脑时，病羊常失去平衡，步态蹒跚；寄生于脊髓时，则引起病羊后肢麻痹，可出现犬坐姿势等。

【剖检病变】 脑多头蚴常寄生于大脑的额叶或侧脑室内，在脑的其他部位和脊髓则较少见。脑多头蚴包囊可位于脑表层或脑组织中，呈球形或椭圆形，从黄豆大至乒乓球大或更大，囊膜呈灰白色，内含无色液体；囊膜内侧面有许多（100～250个）白色颗粒——原头蚴（图2-4、图2-5）。因此，局部的脑实质被脑多头蚴的囊泡占据，周围脑组织严重

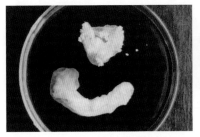

图2-4 离体脑多头蚴：两个离体的脑多头蚴囊泡，其中一个的原头蚴（小白点）已被翻出（李晓明）

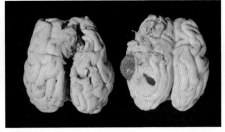

图2-5 脑多头蚴：寄生脑多头蚴的两个大脑，左侧的脑多头蚴位于大脑半球间，右侧的位于大脑半球浅层（囊泡已突出）（陈怀涛）

受压萎缩。囊泡位于脑表面时，因其压迫常使颅骨变薄、变软，用手轻压局部可微微下陷。

【诊断】 根据典型症状和头部触诊常可对本病做出诊断，动物死后剖检脑部，若发现脑多头蚴包囊即可确诊。

【预防】 加强饲养管理，保持牧场清洁干净，注意饮水卫生，粪便应堆积发酵。严禁犬类等动物食入带有脑多头蚴的羊脑和脊髓。此外，对流行区内的犬定期驱虫，对其排出的粪便和虫体应做深埋或焚毁处理。

【治疗】 本病尚无特效治疗药物，吡喹酮和丙硫苯咪唑对早期脑多头蚴病有较好的疗效。其用量参见细颈囊尾蚴病。脑多头蚴包囊若位于脑表层，也可用外科手术方法取出。

【诊治注意事项】 在本病的诊断中，可将虫囊壁与原头蚴制成乳剂变应原进行变态反应诊断，或用间接血凝试验检测羊脑多头蚴抗体，敏感性高。

三、棘球蚴病

棘球蚴病也称包虫病，是由细粒棘球绦虫的幼虫——棘球蚴引起的一种羊寄生虫病，人和多种家畜也可感染发病。

【病原】 棘球蚴主要寄生于绵羊、山羊的肝脏和肺脏，此外脾、脑、肾、心等脏器也可寄生。其成虫为细粒棘球绦虫（很小，长仅 2～7 毫米），寄生于犬和其他肉食动物的小肠中。

【流行特点】 本病在我国西北、西南等地区广为流行，对养羊业危害极大。

【临床症状】 绵羊对本病很敏感，死亡率也较高。病初症状不明显，后期或严重感染时，病羊消瘦、无力，被毛粗乱、易脱落。肺部感染时，病羊有明显的咳嗽。若棘球蚴囊泡破裂，则全身症状迅速恶化，病羊极为虚弱，最终因窒息而死亡。

【剖检病变】 羔羊轻度感染时，囊泡常见于肝脏，而成年绵羊则同时见于肝和肺。单个囊泡大多位于器官的浅表，突出于器官的浆膜。有时器官内有许多大小不等的囊泡，直径一般为 5～10 厘米，小的仅黄豆大，最大的直径可达 50 厘米，囊泡间仅残留少量实质。囊泡呈灰白色或浅黄色，呈球形、椭圆形或不规则形，其中含有透明的囊液。囊壁内层表面附有数百万个原头蚴，外层为肉芽组织形成的包囊。有时棘球蚴死亡，液体被吸收，剩余浓稠的内容物。因此，囊泡可萎缩、皱缩，甚至继发感染或发生钙化（图 2-6、图 2-7）。

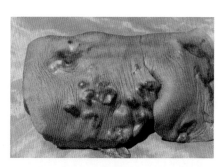

图 2-6 肝棘球蚴：羊肝表面的棘球蚴囊泡，其中充满浅黄色透明的液体（陈怀涛）

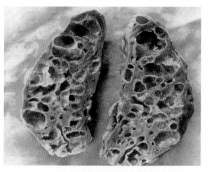

图 2-7 棘球蚴性肝硬化：棘球蚴大量寄生时，肝切面可见许多大小不等的囊泡，其中充满液体，有的则为血液，囊壁结缔组织大量增生，致使肝质地变硬，肝实质受压萎缩（陈怀涛）

【诊断】 本病生前诊断较困难，可试用 X 线检查。也可用变态反应、间接血凝试验和酶联免疫吸附试验诊断，但尚未广泛应用于生产实践中。尸体剖检可确诊。

【预防】 本病尚无特效药物治疗，应以预防为主。加强饲养管理，保持牧场清洁干燥，注意饮水卫生，粪便应堆积发酵。严禁用患棘球蚴病的羊内脏喂犬。在流行区内要严格管理犬只，给犬定期驱虫，消灭成虫。

流行区内，驱除犬的绦虫，应每季度进行 1 次。可用氢溴酸槟榔碱，禁食 12～18 小时后内服，每次 1～4 毫克/千克体重。也可用吡喹酮，5～10 毫克/千克体重，内服。服药后，犬应拴留 1 昼夜，并将排出的粪便和污染的垫料等全部烧毁或深埋处理，以防虫体扩散传播。

【诊治注意事项】 本病虽可治疗，但预防尤为重要。

四、绦虫病

羊、牛绦虫病是由莫尼茨绦虫、曲子宫绦虫与无卵黄腺绦虫寄生于小肠所引起的。其中莫尼茨绦虫危害最严重，特别是对幼畜。这3种绦虫可单独感染也可混合感染。本病在我国分布广泛，尤其是在北方牧区发生较多。

【病原】 莫尼茨绦虫包括贝氏莫尼茨绦虫和扩展莫尼茨绦虫，两者外形相似，虫体大，呈乳白色，带状（图2-8），全长可达5~6米，最宽处为16~26毫米。头节上有4个吸盘。虫卵为长圆形、圆形或三角形，长50~60微米，内含1个被梨形器包围的六钩蚴。曲子宫绦虫长达2米，宽约12毫米（图2-9），孕节子宫有许多弯曲，呈波浪形，虫卵无梨形器。无卵黄腺绦虫体型较小，长2~3米，宽仅3毫米左右（图2-10），虫体眼观分节不清，无卵黄腺，虫卵无梨形器。

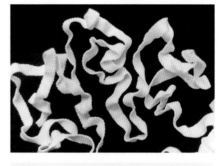

图2-8 扩展莫尼茨绦虫（甘肃农业大学家畜寄生虫室）

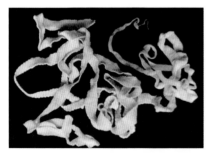

图2-9 曲子宫绦虫（甘肃农业大学家畜寄生虫室）

图2-10 无卵黄腺绦虫（陈怀涛）

【流行特点】 羔羊对扩展莫尼茨绦虫最易感，但有的地区绵羊易感贝氏莫尼茨绦虫。本病的流行与绦虫中间宿主——地螨的生存有关，因此本病易发生于地螨生存的潮湿牧区，羊在吃草时如果吞食了含似囊尾蚴的地螨就会被感染。

【临床症状】 病羊出现食欲减退、贫血、腹泻、消瘦、水肿等现象，且病羊精神沉郁、喜卧、体力不足。病羊粪便中可见到虫体节片或虫体长链。偶见病羊有转圈、头后仰等神经症状，也可因寄生虫性肠阻塞而出现腹痛、腹胀，甚至发生肠破裂而死亡。

【剖检病变】 病羊尸体消瘦，有营养不良现象。小肠中有数量不等的绦虫，黏膜呈卡他性炎症变化。腹腔液体较多，偶见肠阻塞、肠套叠或肠破裂。

【诊断】 ①病羊粪球表面可查到黄白色、圆柱状、能活动的孕卵节片。②用饱和盐水浮集法，可发现粪便中的虫卵，方法为：取粪便5～10克，加入10～20倍饱和盐水混匀，用6目（孔径为2.8mm）筛网过滤，滤液静置30～60分钟，虫卵充分上浮，用一直径为5～10毫米的铁丝圈与液面平行接触以蘸取表面液膜，将液膜抖落在载玻片上，盖上盖玻片进行镜检。③虫体未成熟之前粪便无虫卵和孕节，此时可用药物进行诊断驱虫。④动物死后做尸体剖检，可查出肠内的绦虫。

【预防】 避免到潮湿牧区放牧，应选择清洁干燥的牧场放牧。用农牧耕作等方法消灭中间宿主，可大大减少地螨数量。尽可能避免雨后、清晨和黄昏放牧，以减少羊只食入地螨的机会。

【治疗】 成虫期前进行驱虫，羔羊放牧后30～50天驱虫1次，经10～15天进行第二次驱虫。常用驱虫药如下：

(1) 阿苯达唑 5～6毫克/千克体重，一次内服或配成1%混悬液内服。

(2) 硫氯酚 100毫克/千克体重，加水一次内服，或包在菜叶中投喂。

(3) 氯硝柳胺（灭绦灵） 65～75毫克/千克体重，配成10%混悬液灌服。

(4) 吡喹酮 15～25毫克/千克体重，一次内服。

【诊治注意事项】 农牧耕作，牛、羊与马类动物轮牧，驱虫等防治措施都应重视。

五、消化道线虫病

羊消化道内有多种线虫寄生，常混合感染引起疾病。在这些线虫中，以捻转血矛线虫危害最为严重。本病以消化不良、腹泻、消瘦等为主要特征，严重时也可导致死亡。

【病原】 寄生于皱胃的线虫有捻转血矛线虫、奥斯特线虫、马歇尔线虫、细颈线虫与古柏线虫；寄生于小肠的线虫有毛圆线虫、细颈线虫、古柏线虫、仰口线虫与捻转血矛线虫；寄生于大肠的线虫有食道口线虫、夏伯特线虫与毛尾线虫（盲肠）。

捻转血矛线虫是皱胃中寄生的大型线虫，雄虫长 15～19 毫米，雌虫长 27～30 毫米。其红色的消化管和白色的生殖管相互缠结，使虫体红白相间，故俗称"麻花虫"（图 2-11）。奥斯特线虫长 4～14 毫米，呈棕色，故也称棕色胃虫。马歇尔线虫和奥斯特线虫相似，但虫体较大。毛圆线虫较短小，长 5～6 毫米，呈浅红色或褐色。古柏线虫的大小与毛圆线虫相似，呈红色或浅黄色。细颈线虫在小肠线虫中大小居中，虫体特征是前部细，后部较粗。仰口线虫较粗大，前端向背面弯曲，故也称钩虫。食道口线虫较大，呈乳白色，头端尖细，其幼虫在发育过程中钻入肠壁形成结节，因此也称结节虫（图 2-12）。夏伯特线虫也称阔口线虫，大小和食道口线虫近似。毛尾线虫似鞭子，故也称鞭虫；虫体较大，呈乳白色，前部细长，约占虫体长度的 2/3，此为食道部；后部粗大，为其体部；雄虫后端卷曲，雌虫则直而钝圆（图 2-13）。

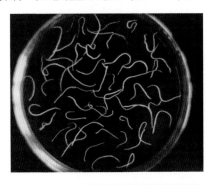

图 2-11 捻转血矛线虫（陈怀涛）

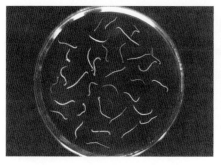

图 2-12　食道口线虫（陈怀涛）

图 2-13　毛尾线虫（陈怀涛）

【流行特点】　本病主要流行于夏季，也见于春、秋季，这主要取决于外界环境的温度和湿度。

【临床症状】　病羊消化功能障碍，食欲降低，消化、吸收不良，腹泻，消瘦，贫血，生长缓慢，有时下颌间隙水肿。若有继发感染，则出现体温升高、脉搏与呼吸加快等症状，严重者可因衰竭而死亡。

【剖检病变】　尸体消瘦，皱胃、小肠或大肠有数量不等的线虫。其黏膜呈卡他性、出血性或坏死性炎症（图 2-14、图 2-15），幼虫可在肠壁引起灰黄色结节状病变（图 2-16）。

图 2-14　捻转血矛线虫所致的出血性皱胃炎：黏膜潮红，附以浅红色黏膜（李晓明）

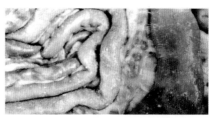

图2-15 夏伯特线虫所致的增生性结肠炎：黏膜增厚，表面呈结节状，并有线虫附着（甘肃农业大学家畜寄生虫室）

图2-16 绵羊食道口线虫幼虫在结肠肠壁引起的密布性结节（张旭静）

【诊断】 病羊生前根据症状可怀疑为本病。用饱和盐水浮集法或直接涂片法检查粪便中的虫卵，每克粪便中含大量（1000个以上）虫卵时，即可确诊，应给羔羊驱虫。死后剖检消化道中是否有线虫，是可靠的诊断方法。

【预防】 建立清洁的饮水点，粪便应堆积发酵，以杀死虫卵。加强饲养管理，不在低湿地放牧，有计划地进行分区轮牧。在疾病流行区，每年放牧前和放牧后进行全群驱虫。

【治疗】

（1）左咪唑 5~10毫克/千克体重，混入饲料中喂服，也可皮下或肌内注射。

（2）丙硫咪唑（阿苯达唑） 5~10毫克/千克体重，一次内服。

（3）甲苯咪唑 15~25毫克/千克体重，一次内服。

（4）伊维菌素或阿维菌素 0.2毫克/千克体重，一次内服或皮下注射。

（5）硫酸铜 用蒸馏水配成1%溶液，大、中、小羊分别灌服100毫升、80毫升、50毫升。

（6）酚嘧啶（羟嘧啶） 2~4毫克/千克体重，一次内服，对毛尾线虫有特效。

【诊治注意事项】 羊的消化道常有多种线虫寄生，生前对某一种线虫病的诊断有很大困难，粪便中大量虫卵的检查和死后剖检发现成虫是可靠的诊断方法。

六、肺线虫病

羊肺线虫病是由网尾科和原圆科线虫寄生于支气管、细支气管和肺泡而引起的一类疾病，其特征是慢性增生性肺炎。

【病原】 网尾科的线虫较大，称为大型肺线虫；原圆科的线虫较小，称为小型肺线虫。

（1）大型肺线虫 在羊体寄生的为丝状网尾线虫，呈白线状，雄虫长 30～80 毫米，雌虫长 50～80 毫米（图 2-17）。成虫寄生于宿主的支气管，雌虫在此产出含有幼虫的虫卵，经宿主咽入胃肠道而排出。幼虫被食入后经血液循环到肺脏，钻入肺泡，再移行到支气管发育为成虫。

（2）小型肺线虫 其中缪勒属和原圆属线虫危害较大。小型肺线虫纤细，长 11～40 毫米（图 2-18），寄生于细支气管和肺泡。其生活史与大型肺线虫有所不同，幼虫排出后需钻入中间宿主陆螺或淡水螺体内发育为感染性幼虫。

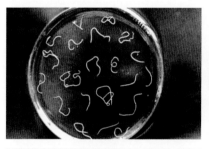 

图 2-17 丝状网尾线虫（陈怀涛）　　图 2-18 原圆线虫（陈怀涛）

【流行特点】 本病发生于我国各地，常呈地方性流行。成年羊比幼龄羊的感染率高。潮湿和较低的温度有利于肺线虫幼虫的生存，而干热的季节对其生存极为不利，早期幼虫很容易死亡。

【临床症状】 轻者症状不明显，严重时会出现干咳、喘气、呼吸困难，运动时和夜间干咳更明显。大型肺线虫病还有流鼻液、喷鼻等症状。病羊逐渐消瘦，贫血，下颌、颈、胸和四肢皮下水肿，病至后期，可因衰竭、窒息而死亡。

【病理变化】 肺脏有明显的慢性肺线虫性炎症，支气管、细气管中有数量不等的大型或小型肺线虫（图2-19）和黏液。肺膈叶背缘或两侧缘可见数个肺线虫性结节，呈灰白色块状，质地紧密（图2-20）。镜检可见支气管和肺泡中有许多肺线虫成虫、幼虫和虫卵，平滑肌、结缔组织增生，淋巴细胞浸润（图2-21）。

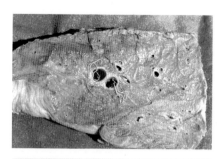

图2-19 支气管肺炎：支气管内充塞大量丝状网尾线虫和黏液，呈支气管肺炎变化，支气管壁增厚（陈怀涛）

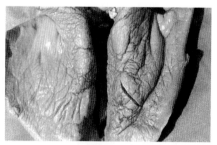

图2-20 肺线虫肉变区：肺膈叶背缘有几个椭圆形团块状肉变区，右肺的一个已被切开，肉变区质地实在，微突出于肺表面（陈怀涛）

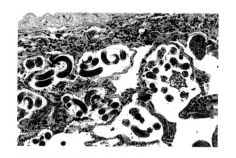

图2-21 肺线虫性肺炎：肺胸膜增厚，胸膜下淋巴细胞增生，肺泡中有大量肺线虫寄生，肺泡隔平滑肌、结缔组织增生（HE×400）（陈怀涛）

【诊断】 根据症状和流行特点可怀疑为本病，死后剖检可根据病变和线虫特征确诊。生前诊断可取新鲜粪便和鼻液检查虫卵和幼虫。丝状网尾线虫的幼虫长 0.55～0.58 毫米，头端较圆，有一扣状结节，尾端细钝；小型肺线虫的幼虫长 0.3～0.4 毫米，头端无扣状结节，尾端有一小刺，或分节，或呈波浪形。

【预防】 加强饲养管理，保持牧场清洁干燥，避免在低湿沼泽地放牧。注意饮水卫生，粪便应堆积发酵。实行轮牧，羔羊与成年羊分群放牧。在本病流行的牧场，每年对羊群驱虫 1～2 次。

【治疗】 对病羊应及时治疗，可选用左咪唑、丙硫咪唑、伊维菌素等驱虫药，剂量参见消化道线虫病的治疗。对小型肺线虫病，可选用盐酸吐根素治疗，剂量为 2～3 毫克/千克体重，配成 1%～2% 注射液进行皮下注射，每隔 2～3 天使用 1 次，2～3 次为 1 个疗程。

【诊治注意事项】 本病的肺炎与梅迪-维斯纳病及绵羊肺腺瘤病的肺病变相似，应注意鉴别。冬季适当补饲，同时隔天在饲料中加入硫化二苯胺，成年羊 1 克，羔羊 0.5 克，让羊自由采食，可减少肺线虫的感染。

七、片形吸虫病

片形吸虫病是由肝片吸虫和大片吸虫寄生于牛、羊等反刍动物的胆管中引起的疾病，其特征是慢性胆管炎和肝炎。

【病原】 肝片吸虫背腹扁平，呈椭圆形树叶状（图 2-22），活体为棕红色，固定后为灰白色，大小为（21～41）毫米×（9～14）毫米。虫体前端为锥状突，呈三角形。口吸盘位于锥状突前端，呈圆形，腹吸盘在其稍后方。雌雄同体，有睾丸 2 个，前后排列，高度分枝，位于虫体中后部；卵巢 1 个，呈鹿角状，位于腹吸盘的右侧。虫卵呈圆形，黄褐色，前端较窄，后端较钝，卵壳透明而较薄，卵内充

图 2-22　肝片吸虫（甘肃农业大学家畜寄生虫室）

满卵黄细胞和 1 个胚细胞。虫卵大小为（133～157）微米×（74～91）微米（图 2-23）。

大片吸虫在形态上和肝片吸虫相似，但虫体较大，为（33～75）毫米×（5～12）毫米，呈长叶状，虫体两侧缘较平行（图 2-24）。虫卵大小为（150～190）微米×（75～90）微米。

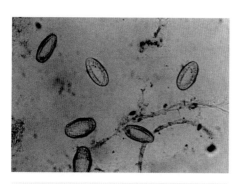 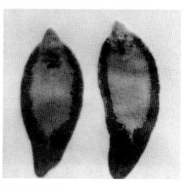

图 2-23 肝片吸虫虫卵（陈怀涛）　　图 2-24 大片吸虫（甘肃农业大学家畜寄生虫室）

【流行特点】 肝片吸虫病是我国分布最广泛、危害最严重的寄生虫病之一，多呈地方性流行。大片吸虫病在我国多见于南方诸省。

肝片吸虫宿主范围广，人亦能感染。其发生与中间宿主——椎实螺有关，常发生于地势较低的湿草滩、沼泽地带，多见于夏末、秋季和初冬季节。

【临床症状】 绵羊最易感，死亡率高。急性病例病势凶猛，病羊突然倒毙。病初体温升高，精神沉郁，易疲劳。肝区压痛敏感，有腹水。慢性病例较多见，病羊表现为逐渐消瘦、贫血和低蛋白血症，眼睑、颌下、胸下与腹下部皮肤水肿。有的羊死于恶病质。

【剖检病变】 急性病例呈损伤性出血性肝炎变化，慢性病例多呈慢性胆管炎和肝炎变化。胆管内有大量虫体时，呈间质性肝炎变化，胆管壁增厚，黏膜增生或坏死脱落（图 2-25、图 2-26）。

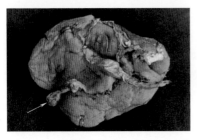

图 2-25　慢性胆管炎：胆囊缩小（↑），其中胆汁浓缩；胆管增粗、管壁增厚，故使肝表面呈结节状（陈怀涛）

图 2-26　慢性胆管炎：肝切面上见胆管壁明显增厚，内表面不平，管腔中有肝片吸虫、浓稠的胆汁和盐类沉积（陈怀涛）

【诊断】　根据症状、流行特点、粪便检查（粪便用水洗沉淀法检查虫卵）和死后剖检等进行综合诊断。剖检肝脏发现病变和虫体是最可靠的诊断法。

【预防】　加强饲养管理，保持牧场清洁干燥，注意饮水卫生，粪便应堆积发酵。注意消灭中间宿主。定期驱虫（秋末冬初）。

【治疗】　常用下列药物进行驱虫治疗。

(1) 丙硫咪唑　为广谱驱虫药，对驱除片形吸虫成虫有良效。绵羊剂量为 10 ~ 15 毫克/千克体重，一次内服。

(2) 三氯苯唑　8 ~ 12 毫克/千克体重，一次内服。

(3) 硝氯酚（拜耳 9015）　驱除成虫有良效。粉剂，4 ~ 5 毫克/千克体重，一次内服；针剂，0.75 ~ 1 毫克/千克体重，深部肌内注射。

(4) 碘醚柳胺　对驱除成虫和 6 ~ 12 周未成熟幼虫均有效，7.5 毫克/千克体重，一次内服。

【诊治注意事项】　通过粪便检查虫卵时注意与前后盘吸虫卵相鉴别。对急性病例，因虫体尚未发育成熟，粪便检查不易发现虫卵，必须结合病理剖检，检查肝脏与胆管中是否有大量童虫存在。

八、歧腔吸虫病

歧腔吸虫病是由矛形歧腔吸虫和中华歧腔吸虫寄生于牛、羊等反乌动物肝胆管和胆囊内所引起的疾病,其特征是慢性小胆管炎和肝炎。

【病原】 矛形歧腔吸虫呈矛形,透明,红棕色,大小为(6.67～8.34)毫米×(1.61～2.14)毫米,口吸盘在前端,腹吸盘在体前部1/5处。雌雄同体,虫卵呈卵圆形或椭圆形,卵壳厚,卵大小为(34～44)微米×(29～33)微米,虫卵一端有明显的卵盖,卵内含毛蚴。

中华歧腔吸虫与矛形歧腔吸虫的形态相似,但中华歧腔吸虫虫体较宽扁,前部呈头锥形,后两侧呈肩样突。虫体大小为(3.54～8.96)毫米×(2.03～3.09)毫米。虫卵与矛形歧腔吸虫卵相似,大小为(45～51)微米×(30～33)微米。

【流行特点】 本病遍及世界各地,多呈地方性流行。我国以西北地区以及内蒙古和东北地区较严重。本病宿主范围广,多在冬、春季节发病。动物随年龄增加,其感染率和感染强度亦增加。虫卵对外界环境抵抗力强。

【临床症状】 严重感染时,可视黏膜黄染,病羊消瘦,颌下、胸下部水肿,腹泻。

【剖检病变】 歧腔吸虫在胆管内寄生可引起卡他性炎症,胆管壁增生、肥厚,因此肝表面可见灰白色条纹(图2-27)。严重感染时,可导致肝硬化。切开胆管时,可见虫体和胆汁(图2-28)。

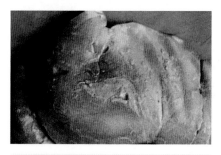

图2-27 慢性增生性小胆管炎:肝表面粗糙不平,可见许多灰白色小条状病灶(陈怀涛)

图2-28 慢性增生性小胆管炎:肝切面见许多小胆管壁增厚,呈浅灰黄色,管腔中有许多黏糊状物质,有的胆管被歧腔吸虫堵塞(陈怀涛)

【诊断】　粪便用水洗沉淀法检出虫卵或剖检时在胆管中发现大量虫体和典型小条状白色增生病变即可确诊。歧腔吸虫的虫卵与肝片吸虫虫卵相似，应注意鉴别。

【预防】　加强饲养管理，避免在潮湿和低洼的牧区放牧。消灭中间宿主。保持牧场清洁干燥，注意饮水卫生，粪便应堆积发酵。

【治疗】　常用药物如下：

(1) 丙硫咪唑　配成5%混悬液，绵羊剂量为100～300毫升/千克体重，一次灌服。

(2) 六氯对二甲苯（血防846）　200～300毫克/千克体重，一次内服。

(3) 吡喹酮　油剂，50毫克/千克体重，腹腔注射；粉剂，70毫克/千克体重，一次内服。

【诊治注意事项】　本病剖检时肝脏病变与肝片吸虫病相似，应注意鉴别。本病流行地区应在每年初冬和早春各进行一次预防性驱虫。

☞ 九、阔盘吸虫病 ☜

阔盘吸虫病是由3种阔盘吸虫（主要为胰阔盘吸虫）寄生于反刍动物的胰管内所引起的疾病，其特征是慢性胰管炎。

【病原】　胰阔盘吸虫在3种阔盘吸虫中体型最大，虫体扁平，呈长卵圆形，大小为（8～16）毫米×（5～5.8）毫米，口吸盘比腹吸盘大（图2-29）。雌雄同体，有睾丸2个，呈圆形或稍分叶，左右排列于腹吸盘后下方。卵巢分叶，位于睾丸之后。虫卵为黄棕色，椭圆形，有卵盖，大小为（40～50）微米×（26～33）微米，内含一个椭圆形毛蚴。

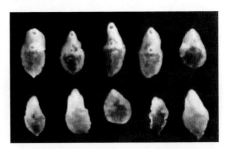

图2-29　胰阔盘吸虫：上排为虫体腹面，下排为虫体背面（贾宁）

【临床症状】　病羊消瘦，被毛干燥、易脱落，贫血，颌下、胸前部水肿，腹泻。

【病理变化】 眼观，胰脏表面有棕黑色斑块状病灶，切面见胰管内有阔盘吸虫寄生。胰管壁增厚，管腔狭窄，甚至完全闭塞（图2-30）。组织学上呈慢性胰管炎变化，结缔组织增生，淋巴细胞、嗜酸性粒细胞浸润。严重病例偶引致胰腺癌。

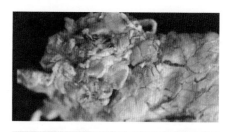

图2-30　胰病变：胰脏表面见界限不明显的暗褐色病灶，其切开时见胰管壁增厚，可从胰管内找到胰阔盘吸虫（本图左上方有几个黑色虫体）（贾宁）

【诊断】 病羊生前用粪便水洗沉淀法检查虫卵，死后根据胰脏病变和检查虫体可以确诊。

【预防】 消灭中间宿主，保持牧场清洁干燥，注意饮水卫生，粪便应堆积发酵。

【治疗】 常用药物如下：

（1）吡喹酮　绵羊内服剂量为60～70毫克/千克体重，油剂腹腔注射剂量为30～50毫克/千克体重；山羊内服剂量为90毫克/千克体重，油剂腹腔注射剂量为50毫克/千克体重。

（2）六氯对二甲苯　绵羊和山羊内服剂量均为200～300毫克/千克体重。

十、前后盘吸虫病

前后盘吸虫病是由多种前后盘吸虫寄生于反刍动物的瘤胃、网胃和胆管壁上所引起的疾病。

【病原】 前后盘吸虫种类繁多，虫体大小、颜色、形状和内部构造不尽相同，其总体特征是：虫体呈圆锥形或圆柱状，肥实；口吸盘在虫体前端，腹吸盘在虫体后端，故称为前后盘吸虫（图2-31）；雌雄同体，有睾丸2个，位于虫体中部；卵巢1个，位于睾丸后侧缘；虫卵呈椭圆形，浅灰色，卵黄细胞不充满整个虫卵，大小为（125～132）微米×（70～80）微米。

【临床症状】 成虫危害轻微，童虫危害严重。临床上表现顽固性下痢，粪便呈糊状或水样，腥臭。病羊食欲减退，消瘦，贫血，黏膜苍白，颌下部水肿。

【剖检病变】　成虫可引起瘤胃、网胃黏膜损伤和发炎（图2-32），童虫移行可引起卡他性或出血性皱胃炎、肠炎，以及胆管炎、胆囊炎、肝炎。有时肠黏膜可见纤维素－坏死性炎症变化。小肠内可能有大量童虫，肠道内充满腥臭的水样粪便。

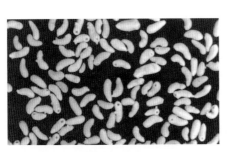

图2-31　前后盘吸虫（陈怀涛）

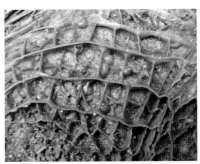

图2-32　前后盘吸虫性网胃炎：网胃壁的网眼内吸附数个红色小豆样的前后盘吸虫成虫，局部黏膜受损发炎（刘安典）

【诊断】　检查粪便时若发现虫卵或死后剖检在瘤胃、网胃等处发现大量成虫、童虫即可确诊。

【防治】　定期驱虫，加强饲养管理，保持牧场清洁干燥，注意饮水卫生，粪便应堆积发酵。治疗药物除可用治疗歧腔吸虫病所用的药物外，还有氯硝柳胺，绵羊剂量为70～80毫克/千克体重，一次内服。也可用硫氯酚，80～100毫克/千克体重，一次内服。

十一、日本血吸虫病

日本血吸虫病亦称日本分体吸虫病，是由日本分体吸虫寄生于人和牛、羊、啮齿类动物以及其他一些野生哺乳动物门静脉系统的小血管内所引起的一种严重的人兽共患寄生虫病。其特征是慢性结节性肝炎和消化不良。

【病原】　日本血吸虫呈线状，雌雄异体。雄虫呈乳白色，大小为（10～20）毫米×（0.5～0.55）毫米。口吸盘在虫体前端，腹吸盘在口吸盘后方不远处。雄虫体壁从腹吸盘后方至尾部，两侧向腹面卷起形成抱雌沟。雌虫居于此抱雌沟内，呈合抱状态，交配产卵。雄虫有睾丸7个，在腹吸盘后下方排列成单行。雌虫较细长，大小为（15～26）毫米×0.3毫米，呈暗褐色。虫卵为椭圆形，大小为（70～100）微米×（50～65）微米，浅黄色，无卵盖，在其侧上方有一根小刺，卵内含有毛蚴。

【流行特点】 日本血吸虫广泛分布于我国长江流域，主要危害人和牛、羊等家畜。除人体外，有31种野生哺乳动物、8种家畜可自然感染日本血吸虫病。这种吸虫的发育必须通过其中间宿主——钉螺的参与，否则不能发育、传播。

【临床症状】 一般症状较轻，多呈慢性经过，病羊表现颌下、腹下水肿，腹围增大，贫血，黄疸，消瘦，幼羊发育停滞。影响母羊受胎并可引起流产，例如突然感染大量尾蚴时，呈急性发作，病羊表现腹泻，粪便中混有黏液、血液，体温升高，精神沉郁，呼吸困难，可导致不孕或流产。

【病理变化】 主要病理变化为虫卵结节，这是虫卵沉积于组织中所致（图2-33）。眼观，肝脏表面或切面有粟粒大至高粱米粒大的灰白色或灰黄色小结节。严重感染时，肠尤其是直肠病变最明显，可见虫卵或幼虫沉积。肠系膜淋巴结肿大，门静脉和肠系膜静脉内可见呈合抱状态的虫体，静脉血管壁增厚，有血栓形成（图2-34）。

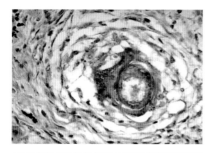 

图2-33 肝脏增生性虫卵结节：在死亡的成熟虫卵附近是巨细胞和上皮样细胞，其外由成纤维细胞包围，同时可见少量嗜酸性粒细胞，肝组织中有褐色血吸虫色素沉着（HE×400）（祁保民）

图2-34 肝静脉内见雌雄合抱的日本分体吸虫和层状结构的血栓，静脉周围结缔组织增生（HE×100）（陈怀涛）

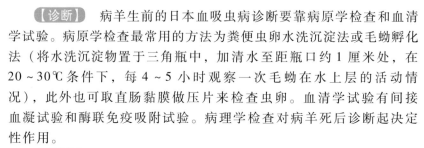

【诊断】 病羊生前的日本血吸虫病诊断要靠病原学检查和血清学试验。病原学检查最常用的方法为粪便虫卵水洗沉淀法或毛蚴孵化法（将水洗沉淀物置于三角瓶中，加清水至距瓶口约 1 厘米处，在 20～30℃ 条件下，每 4～5 小时观察一次毛蚴在水上层的活动情况），此外也可取直肠黏膜做压片来检查虫卵。血清学试验有间接血凝试验和酶联免疫吸附试验。病理学检查对病羊死后诊断起决定性作用。

【预防】 加强饲养管理，保持牧场清洁干燥，避免到有中间宿主存在的地方放牧。注意饮水卫生，粪便应堆积发酵。

【治疗】

（1）吡喹酮 绵羊 30～50 毫克/千克体重，一次内服。

（2）硝硫氰胺（7505） 4 毫克/千克体重，配成 2%～3% 注射液，静脉注射。

（3）六氯对二甲苯 200～300 毫克/千克体重，一次内服。

【诊治注意事项】 生前仅依靠症状不能做出诊断，死后病理变化是诊断的重要依据，但只有发现病原才可确诊。在该病的防治上，定期驱虫，淘汰病羊，杀灭中间宿主，阻断日本血吸虫的发育尤为重要。

十二、球虫病

羊球虫病是由多种艾美耳球虫寄生于绵羊或山羊肠道上皮细胞所引起的一种寄生虫病，对羔羊危害严重。本病的特征是卡他性或出血性肠炎所导致的腹泻。

【病原】 寄生于绵羊和山羊的球虫种类很多，绵羊有 14 种，以阿氏艾美耳球虫的致病力最强；山羊有 15 种，其中以阿氏艾美耳球虫和艾丽艾美耳球虫的致病力较强。这些球虫的卵囊呈近圆形或卵圆形，其孢子化卵囊内有 4 个孢子囊，每个孢子囊内有 2 个孢子。

【流行特点】 各品种的绵羊、山羊均易感染，以羔羊最易感，成年羊一般为带虫者。流行季节多为春、夏、秋季。

【临床症状】 病羊精神不振，食欲减退，被毛粗乱，腹泻，消瘦，贫血，发育不良，严重者死亡。粪便恶臭，其中含有大量卵囊，体温有时升至 40～41℃。

【病理变化】 小肠病变明显，肠黏膜上有浅黄色、卵圆形斑点或结节，成簇分布（图2-35）。十二指肠和回肠有卡他性炎和点状或带状出血。肠黏膜上皮中可见不同发育阶段的球虫（图2-36）。

 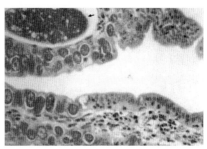

图2-35 肠球虫性斑点：山羊小肠壁可见大量浅黄色卵圆形斑点（许益民）

图2-36 肠组织中的球虫：山羊小肠绒毛的中央乳糜管内有裂殖体（↑），上皮细胞内有大量不同发育阶段的虫体（HE×200）（许益民）

【诊断】 病羊生前根据症状、流行特点可怀疑为本病，粪便检查发现大量卵囊即可确诊。病羊死后剖检可查明典型病变。

【预防】 成年羊与羔羊应分群饲养。搞好环境卫生，保持牧场清洁干燥，注意饮水卫生，对粪便进行无害化处理。定期用 3%～5% 热氢氧化钠溶液给饲槽、用具等消毒，发现病羊立即更换场地，并隔离治疗病羊。

【治疗】

（1）磺胺甲基嘧啶 0.1克/千克体重，内服，每天2次，连用1～2周。

（2）三字球虫粉（磺胺氯吡嗪） 1.2毫克/千克体重，配成10%水溶液内服，连服3～5天。

（3）氨丙啉（安宝乐） 25毫克/千克体重，内服，每天1次，连用20天。

【诊治注意事项】 本病应注意与一些有腹泻症状的疾病相鉴别。

必要时可做组织切片检查。

十三 弓形虫病

弓形虫病由龚地弓形虫引起，是一种严重的人兽共患寄生虫病，宿主种类广泛，人和动物感染率都很高，羊也可患病。

【病原】 弓形虫在其全部生活过程中，可出现5种不同的形态。

（1）滋养体（速殖子） 呈弓形、月牙形或香蕉形，一端尖，一端钝圆，大小为（4~7）微米×（2~4）微米。滋养体除主要出现于急性病例的腹水和细胞外，也可积聚在巨噬细胞等细胞内。

（2）包囊（组织囊） 呈圆形或卵圆形，直径为50~69微米，甚至达100微米，囊壁较厚。见于慢性病例的脑、骨骼肌、心肌和视网膜等处，包囊内的虫体称为慢殖子。

（3）卵囊 见于猫科动物体内，呈椭圆形，大小为（11~14）微米×（7~11）微米。

（4）裂殖体 呈圆形，直径为12~15微米，见于猫科动物体内。

（5）裂殖子 前端尖，后端钝圆，大小为（7~10）微米×（2.5~3.5）微米，见于猫科动物体内。

【临床症状】 急性病例表现突然不食、体温升高、呼吸促迫、精神沉郁、嗜睡；慢性病例表现为厌食、逐渐消瘦、贫血。

【病理变化】 急性病例出现全身病变，淋巴结、肝、肺等器官肿大。肠道重度充血，肠黏膜有扁豆大小的坏死灶。慢性病例可见各内脏器官水肿，并散在坏死灶，最为明显的变化是网状内皮细胞增生，以淋巴结、肾、肝和中枢神经系统更为明显（图2-37）。

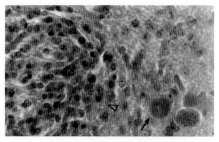

图2-37 弓形虫病：脑组织中可见弓形虫积聚在细胞中（↑），左侧有一个增生的胶质细胞结节（Δ）（陈怀涛）

【诊断】 根据症状和眼观病变可怀疑为本病，确诊必须查出病原体或特异性抗体。急性病例可用肝、肺、淋巴结等组织制作涂片，用姬姆萨法染色，或制作切片用苏木精－伊红染色，镜检观察有无滋养体存在，血清学诊断可采用补体结合反应、酶联免疫吸附试验等。

【预防】 在羊舍内严禁养猫。搞好环境卫生，保持牧场清洁干燥，注意饮水卫生，对粪便进行无害化处理。防止猫粪污染饲料、饮水。

【治疗】 治疗本病主要使用磺胺类药物，但应在发病初期使用，否则不能抑制虫体进入细胞而形成包囊，从而使病羊成为带虫者。

十四、肉孢子虫病

肉孢子虫病是由肉孢子虫引起的一种人兽共患原虫病，羊较为多见，但通常不显临床症状，即使严重感染，病情亦甚轻微。

【病原】 肉孢子虫寄生于羊肌肉内，形成与肌纤维平行的包囊（亦称米氏囊），多呈灰白至乳白色纺锤形或圆柱形，（图2-38～图2-40），组织上多呈椭圆形（图2-41）。

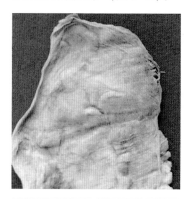

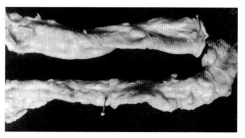

图2-38 膈肌肉孢子虫：绵羊膈肌中可见纺锤形灰白色肉孢子虫包囊（米氏囊）（陈怀涛）

图2-39 食道外膜上的肉孢子虫（陈怀涛）

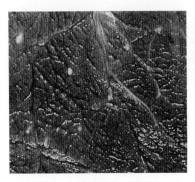

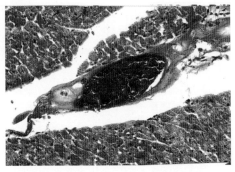

图 2-40　骨骼肌中的肉孢子虫
（张旭静）

图 2-41　寄生于绵羊心脏浦金野氏纤维中
的肉孢子虫包囊（HE×400）（陈怀涛）

【临床症状】　常无症状，严重感染时，引起羔羊厌食、虚弱、贫血等；妊娠母羊可出现高热、共济失调、流产等；绵羊偶尔发生呼吸困难，甚至死亡。

【诊断】　本病因症状不明显，故生前诊断多被忽视。间接血凝试验和酶联免疫吸附试验是较好的诊断方法，但还需要进一步成熟。

【预防】　预防措施主要是加强饲养管理，保持牧场清洁干燥，注意饮水卫生，粪便堆积发酵，将寄生有肉孢子虫的肌肉、脏器和组织烧毁。本病目前尚无特效治疗药物，氨丙啉、氯苯胍等抗球虫药物或有一定治疗作用。

【诊治注意事项】　由于本病的症状不特异，故生前诊断和与其他疾病的鉴别很困难。

👉 十五、泰勒虫病 👈

羊泰勒虫病是由泰勒虫引起绵羊和山羊的一种蜱传性血液原虫病。

【病原】　羊泰勒虫有两种，即山羊泰勒虫和绵羊泰勒虫，两者形态相似，均能感染山羊和绵羊。其区别为前者致病性强，致死率高，红细胞染虫率高，在脾脏、淋巴结涂片的淋巴细胞内可见柯赫氏蓝体（石榴体），而后者的石榴体只见于淋巴结中。

我国羊泰勒虫病的病原为山羊泰勒虫，以圆形、圆环形多见（占

80%），也可见椭圆形、杆状、逗号形等。圆形者直径为0.6～2微米。1个红细胞内一般只有1个虫体，有时可见2～3个（图2-42、图2-43）。

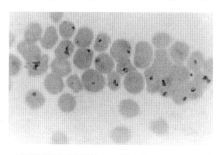

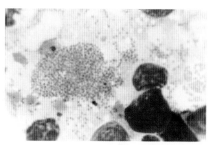

图2-42 红细胞中寄生的羊泰勒虫（Giemsa×1000）（白启）

图2-43 淋巴结涂片中可见大量裂殖子（Giemsa×100）（白启）

【流行特点】 我国羊泰勒虫病的传播者为青海血蜱。常于4～6月发病，5月为发病高峰。羔羊发病率高，病死率也高。

【临床症状】 本病以急性型较常见，病羊精神沉郁，食欲减退，体温升高（达40～42℃）3～10天，体表淋巴结肿大，有痛感。贫血，轻度黄疸。肢体僵硬，呼吸困难，最终衰竭死亡。

【病理变化】 病羊尸体消瘦，血液稀薄，皮下脂肪呈胶冻样，有点状出血。全身淋巴结，尤以颈浅（肩前）、肠系膜、肝、肺等处淋巴结肿大明显。肝、脾肿大，肾呈黄褐色。在淋巴结、脾、肝、肾可发现泰勒虫病增生性或坏死性结节（图2-44），镜检可见网状内皮细胞明显增生，其中可见石榴体。

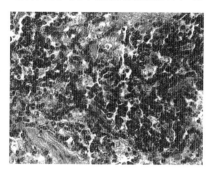

图2-44 坏死-增生性脾炎：脾组织坏死，网状细胞增生（HE×400）（陈怀涛）

【诊断】 根据流行特点和主要症状可怀疑为本病，血片和淋巴结或脾脏涂片上发现虫体即可确诊，组织学变化和发现病原体也有助于确诊。

【预防】 做好灭蜱工作，在发病季节用药物进行预防。在本病流行地区，于每年发病季节到来之前对羊群采用咪唑苯脲或三氮脒（也可用贝尼尔即血虫净）进行预防注射，如用三氮脒，按3毫克/千克体重，配成7%注射液，深部肌内注射，每20天使用1次。

【治疗】 可用三氮脒、咪唑苯脲等药物。

(1) 三氮脒 3.5 ~ 3.8 毫克/千克体重，配成5% ~ 7%注射液，深部肌内注射。

(2) 咪唑苯脲 2 毫克/千克体重，配成10%注射液，深部肌内注射。

【诊治注意事项】 仅依据临床症状，而不进行血细胞检查或病理检查时，很容易做出错误诊断或判断，应引起注意。

十六、螨 病

螨病亦称疥癣，是由螨虫寄生于牛、羊皮肤而引起的一种慢性寄生虫性皮肤病。以剧痒、湿疹性皮炎、脱毛、患部逐渐向周围扩展和具有高度传染性为特征。

【病原】

(1) 疥螨 虫体很小，长0.2~0.5毫米，肉眼不易看见。呈圆形，其前端中央有口器。虫体前部和后部各有两对短粗、呈圆锥形的腿，末端具有吸盘。成虫在皮肤角质层下咬蛀虫道，以表皮细胞液和淋巴液为营养。

(2) 痒螨 体长0.5~0.8毫米，眼观如针尖大。呈椭圆形，口器长而尖，腿细长，末端有吸盘。成虫寄生在皮肤角质层下吸食淋巴液和细胞液。

【流行特点】 螨病主要发生于冬季和秋末、早春。在圈舍潮湿、卫生状况不良、羊体表面湿度较高的条件下，更易发生螨病。

【临床症状和剖检病变】 绵羊感染疥螨时，发病部位主要在头部，如嘴唇四周、眼圈、鼻梁、鼻孔边缘和耳根部，病变部形成白色坚硬的胶皮样痂皮（图2-45）；患痒螨病时，发病部位主要在毛密之处，如背部、臀部，然后波及全身，严重时全身被毛脱光，病羊有痒感，啃咬、摩擦患部。山羊患疥螨病时，发病部位也主要在头部，与绵羊的相似，严重时口、唇皮肤皲裂；患痒螨病时，发病部位初期在颈、肩等处，严重时蔓延至全身，奇痒，病变部可出现丘疹、结节、水疱，如继发感染则成为脓疱（图2-46）。

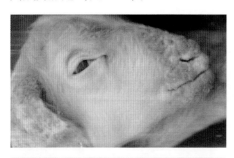

图2-45 疥螨性皮炎：绵羊鼻、唇和耳根部皮肤粗糙、增厚、发红（陈怀涛）

图2-46 痒螨性皮炎：绵羊背部皮肤上形成潮湿的厚痂，患部脱毛（陈怀涛）

【诊断】 本病可根据流行特点、症状等进行诊断。症状不明显时，可用涂有50%甘油水溶液的小刀在健康与病变部皮肤交界处刮取皮屑，用10%氢氧化钠（钾）溶液加热溶解，取沉渣镜检，见到螨虫即可确诊。

【预防】 避免将羊只密集饲养于阴暗、潮湿的羊舍内，羊舍应通风、干燥、宽敞、透光。引入羊只时应事先了解有无螨病存在。经常注意羊群中有无掉毛、发痒等现象的羊只，及时发现，及时处置。夏季绵羊剪毛后应进行药浴。

【治疗】

（1）5%敌百虫溶液涂擦患部 病羊较少时适用此法治疗。

（2）0.05%辛硫磷乳剂水溶液药浴 一般在温暖季节，山羊抓绒和绵羊剪毛后5~7天进行。药浴水温保持在36~38℃，时间为1分钟，7~8天后可进行第二次药浴。药浴前让羊饮水，以免误饮药液。

（3）阿维菌素 0.2毫克/千克体重，一次皮下注射。

【诊治注意事项】 本病注意与秃毛癣、湿疹、虱性皮炎相鉴别。除病原不同外，秃毛癣病变多为圆形，干痂易剥落，痒感不明显；湿疹无传染性，有轻度痒感；虱性皮炎病变轻，容易发现虱和虱卵。药物治疗时注意安全，勿使羊中毒。

十七、羊狂蝇蛆病

羊狂蝇蛆病是由羊狂蝇（亦称羊鼻蝇）幼虫寄生于羊鼻腔及其附近的鼻窦引起的疾病，主要病变为鼻炎、鼻窦炎。

【病原】　羊狂蝇成虫体长10～12毫米，呈浅红色，形状似蜜蜂。第一期幼虫呈浅黄白色，长约1毫米。第二期幼虫呈椭圆形，长20～25毫米。第三期幼虫背面隆起、腹面扁平，长28～30毫米，各节上有深棕色横带，前端尖，后端齐平（图2-47）。

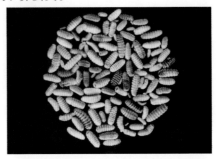

图2-47　羊狂蝇蛆（陈怀涛）

【临床症状】　成虫侵袭羊群，在鼻孔内或鼻孔周围产出幼虫以及幼虫在鼻腔移动刺激黏膜时，可引起病羊喷鼻、摇头、甩鼻、磨牙、磨鼻，眼睑水肿、流泪，食欲减退，消瘦，数月后症状减轻。但发育为第三期幼虫时，因幼虫变大、变硬并移向鼻孔，症状又有所加剧。少数第一期幼虫可进入鼻窦，引起鼻窦炎，甚至损伤脑膜，故出现神经症状。

【剖检病变】　幼虫在鼻腔附着或移动，可机械刺激和损伤黏膜，引起炎症，故病羊流出浆液性或黏脓性鼻液（图2-48、图2-49）。

图2-48　病羊不安，流出黏脓性鼻液（陈怀涛）

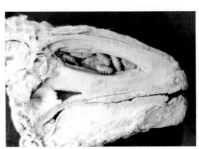

图2-49　鼻腔有狂蝇蛆寄生，鼻黏膜潮红，有小溃疡，附有黏脓性分泌物（陈怀涛）

【诊断】 根据症状、尸体剖检变化可对本病做出诊断。本病症状多出现于成蝇生产幼虫的7～9月和第三期幼虫向鼻孔移动时（春节前后），可作为诊断的参考依据。早期诊断可将药液喷入鼻腔，收集鼻腔喷出物，发现死亡幼虫即可确诊。

【预防】 加强饲养管理，保持牧场清洁干燥。本病流行区要重点消灭幼虫，每年夏季定期使用1%敌百虫喷擦羊鼻孔。

【治疗】

（1）伊维菌素或阿维菌素 0.2毫克/千克体重，配成1%注射液，一次皮下注射。

（2）氯氰柳胺 5毫克/千克体重，一次内服；或2.5毫克/千克体重，皮下注射。

（3）精制敌百虫 0.12克/千克体重，配成2%溶液，一次灌服。

【诊治注意事项】 病羊不安、流涕等是本病的主要症状，但不能依此确诊，要通过发现鼻腔寄生的狂蝇蛆或成蝇在羊鼻孔产幼虫才能确诊。

第三章

普通病与肿瘤病

⇨ 一、萱草根中毒 ⇦

萱草根中毒即有毒的黄花菜根引起的羊中毒病，俗称"瞎眼病"。这是一种以脑、脊髓白质软化和视神经变性、坏死为主要特征的全身性中毒病。临床上常出现瞳孔散大、双目失明、瘫痪和膀胱麻痹等症状。

【病因】 萱草俗称"黄花菜、金针菜"，有些种的根有毒（图3-1）。已知能引起中毒的有北萱草、小萱草、童氏萱草和萱草4种，其中以北萱草根中毒最常见。萱草根的有毒成分是萱草根素，对全身各组织器官均有毒害作用。山羊和绵羊口服萱草根素的中毒剂量分别为30毫克/千克体重与38.3毫克/千克体重。

图3-1 小萱草根的形态：呈丝状，末端膨大并附有少量须根（曹光荣）

【流行特点】 本病在我国多发生于萱草分布密集的甘肃、青海、陕西、河南、内蒙古、浙江等地，国外报道较少。自然中毒多见于放牧的山羊和绵羊。每年1～3月正值北方的枯草季节，但萱草根正在萌芽，牧羊因饥饿而食入一定量的萱草根时即引起中毒。4月初牧草返青后发病减少。

【临床症状】 羊在采食萱草根后2～3天发病，主要表现食欲减退或废绝、呆立、磨牙、震颤，以后双侧瞳孔散大、双目失明（图3-2、图3-3），并出现运动障碍，甚至瘫痪（图3-4）。检查眼底，可见视网膜血管明显充血、出血（图3-5）。

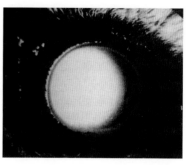

图3-2 中毒羊瞳孔散大、失明（洪子鹏）　图3-3 瞳孔散大呈圆形（王建华）

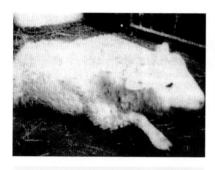

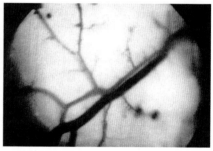

图3-4 躯干、四肢麻痹，不能站立（王建华）　图3-5 视网膜血管明显充血，并有大小不等的出血斑点（王建华）

【病理变化】 体腔积液，心脏扩张，心内、外膜和心肌出血。肾脏呈灰红色，偶见出血点。膀胱黏膜出血，伴有较多橘红色尿液积留。软脑膜充血、凸出，呈灰白色，双侧视神经局部质软色暗、变细或萎缩，呈断裂状。镜检，实质器官充血、出血，实质细胞变性、坏死。脑与脊髓白质有软化灶，视神经变性，脱髓鞘、坏死、萎缩。视神经乳头和视网膜充血、出血、水肿与坏死。

【诊断】 根据发病季节，病羊有刨食萱草根的病史，结合瞳孔散大、双目失明和瘫痪等症状，即可做出初步诊断，视神经和视神经乳头的病理变化有助于本病的确诊。

【预防】 本病应以预防为主，每年在冬末早春的枯草季节，严禁在萱草密生地区放牧。在萱草零星生长的地区，可采用人工挖除的方法清除毒草。应储存足量的冬草补饲，以便在枯草季节减少放牧时间；或在放牧前事先补饲一定量的干草，以减少羊对萱草根的刨食。

目前本病尚无特效疗法，只能进行一般性对症治疗，加强护理。对已经失明的病羊，应考虑及早淘汰。

【诊治注意事项】 本病最重要的症状是双目失明，因此，临床诊断上发现视力障碍问题时应怀疑本病和其他眼部疾病。其他眼部疾病多有结膜、角膜等炎症变化，而本病眼部无明显炎症病变，而且疾病只发生在枯草季节。

二、疯草中毒

疯草中毒是由豆科植物中的棘豆属和黄芪属的一些植物（疯草）所引起的多种家畜的中毒性疾病。绵羊和山羊最为敏感，主要表现为运动障碍和衰竭。

【病因与流行特点】 本病主要发生在我国西北、华北牧区。在早春或干旱年月，其他牧草较少，羊因采食疯草而发病（图3-6）。疯草的有毒成分主要是吲哚兹定生物碱（苦马豆素）。

【临床症状】 羊食入疯草后，病初表现精神沉郁，离群呆立，视觉障碍，四肢无力，运动障碍，因后肢不灵活，驱赶时后驱常向一侧歪斜（图3-7），严重时机体麻痹、卧地（图3-8），最终衰竭死亡。妊娠母羊出现流产或胎儿畸形（图3-9）。

图3-6 黄花棘豆草的形态（曹光荣）

【病理变化】 病羊尸体消瘦，多数皮下呈胶样浸润，腹腔积液。肝略肿大，呈浅灰红色，表面常见灰白色区域。肾呈灰黄色，表面可见浅灰白色斑块。脑膜血管充血，脑沟变浅，脑回展平。镜检，多种组织细胞，尤其是神经细胞发生空泡变性（图3-10）。

图 3-7 中毒羊后肢不灵活，行走时弯曲外展（曹光荣）

图 3-8 重症羊卧地瘫痪，起立困难（曹光荣）

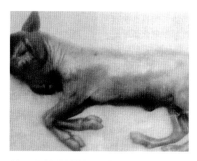

图 3-9 流产胎儿头部严重出血（丁伯良）

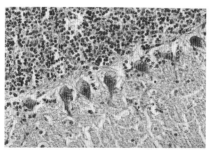

图 3-10 小脑浦金野氏细胞空泡变性，致其细胞质染色不均，胞核浓缩或溶解（HE×400）（陈怀涛）

【诊断】 根据采食疯草出现以运动失调为特征的神经症状，结合神经细胞和其他多种实质细胞空泡变性，即可确诊。

【预防】 本病应采取综合性预防措施。

（1）清除牧区疯草 对大面积疯草密布区域，可采取化学除草方法，可用 2，4-D 丁酯 2，每公顷 2350 克，或用 2，4-D 丁酯 1，每公顷 1500 克，再加二甲四氯钠盐 1500 克。也可用氯氟吡氧乙酸、G-520、麦草畏与 2，4-D 丁酯配合应用。对小面积疯草密布区域，可用人工挖除的办法清除。

（2）**禁止在疯草密集的地方放牧** 加强饲养管理，在疯草大面积分布的区域实行放牧员跟群放牧，以免疯草中毒。在家畜饥饿时更应注意管理。

（3）**合理轮牧** 要控制草场载畜量，防止过度放牧引起草场退化。采用合理的轮牧制度，使草场得以保持一定的优良牧草植被，防止放牧动物因为牧草不足而啃食疯草。

【治疗】 对中毒较轻或发病不久的病例，应加强饲养管理，供给优质牧草并注意补饲，可逐渐痊愈。对中毒较严重者，可采用以下中西医结合的方法进行治疗。如用 10% 硫代硫酸钠注射液静脉注射，同时肌内注射维生素 B_1（100 毫克）。绵羊中毒还可用复方芪草汤治疗：黄芪、甘草、党参、何首乌、丹参各 30 克，大枣 10 枚，将以上药物加水 500 毫升，文火煎煮 30 分钟，取汁一次灌服。

【诊治注意事项】 多种组织细胞的空泡变性是本病确诊的重要病理变化，应足够重视。

三、蕨中毒

放牧羊在短期内大量采食或长时间连续采食蕨叶后，可引起急性或慢性蕨中毒。前者以再生障碍性贫血和全身广泛性出血为特征，后者主要形成膀胱肿瘤，并伴有血尿。

【病因】 在蕨类植物中，最易引起中毒的品种为毛叶蕨和欧洲蕨（图 3-11）。蕨叶中含有能致骨髓损伤和膀胱肿瘤的因子。

【流行特点】 本病主要发生于蕨类植物生长区。急性中毒多发生在春季，慢性中毒的发生无明显季节性。主要侵害牛和绵羊，以放牧为主的牛、羊更常见。

图 3-11 欧洲蕨和毛叶蕨外形比较：左为欧洲蕨，叶片较为宽大；右为毛叶蕨，叶片较为细长（许乐仁）

【临床症状】 急性蕨中毒时，潜伏期为数周，病羊初期表现精神沉郁，食欲减退，步态不稳。以后出现高热，流涎，拒食，便秘或腹泻，粪便呈暗红色，伴有明显的腹痛。妊娠母羊由于努责可引起流产。慢性中毒羊主要表现间歇性血尿，伴有尿频、尿急和排尿痛苦等症状。

【剖检病变】 急性中毒时，全身皮肤、黏膜、浆膜广泛性出血，实质器官出血、变性，体腔内有血样积液，长骨骨髓呈胶冻样。慢性中毒时，膀胱黏膜充血、水肿，甚至出血，有的病例可见膀胱肿瘤。

【诊断】 急性蕨中毒根据病初发热、腹痛、全身出血等症状，结合有采食蕨的病史和发生于春季等特点，可以确诊。慢性中毒病程长，间歇性血尿和膀胱肿瘤可作为诊断依据。

【预防】 加强放牧家畜的饲养管理，在春季应尽可能避免在蕨类植物生长旺盛的草场放牧。

进行草地改良，控制蕨类植物的生长和蔓延。可人工挖除或用化学除草剂除蕨。除草剂以黄草灵效果最好，在蕨叶刚展开时进行叶面喷洒，可很快使蕨枯死。

在蕨草密布地区，春季应对家畜定期进行血检，以便及早发现和治疗。

【治疗】 目前尚无特效治疗方法，可采取以下综合性治疗措施。

（1）输液、输血 根据羊的大小和体重，一次输入健康羊全血500毫升，或富含血小板的血浆500毫升，每周1次。

（2）骨髓刺激剂 应用鲨肝醇1克、橄榄油10毫升，混合溶解后皮下注射，每天1次，连用5天；或取鲨肝醇2克、吐温-80（或吐温-20）50克、生理盐水100毫升，混合后每天静脉注射40毫升，连用5天。

（3）肝素拮抗剂 用1%鱼精蛋白注射液10毫升，缓慢静脉注射；或甲苯胺蓝250毫升，溶于250毫升生理盐水中，静脉注射。

（4）其他疗法 采用维生素制剂、营养剂、止血剂、强心利尿剂等配合治疗。

【诊治注意事项】 急性蕨中毒应与炭疽、巴氏杆菌病、钩端螺旋体病、泰勒虫病、呋喃唑酮中毒和草木樨中毒等疾病相鉴别。

👉 四、霉烂甘薯中毒 👈

霉烂甘薯中毒即黑斑病甘薯中毒，是牛、羊等动物食入一定量霉烂甘薯后发生的中毒病，特征是呼吸困难和肺气肿。

【病因】　霉烂甘薯有黑斑病真菌寄生，可产生黑斑病毒素。这种毒素有剧毒，耐热，煮沸不能被破坏。羊只采食黑斑病甘薯后，毒素引起呼吸中枢和肺等器官损害而发病。

【临床症状】　羊只食入霉烂甘薯 1 ~ 2 天后发病，病程一般 2 ~ 4 天，主要表现呼吸困难症状，呼吸动作加深、剧烈，鼻孔张开，头颈前伸，口流泡沫状唾液。可视黏膜发绀。疾病严重时肩背部皮下发生气肿，按压有捻发音。病羊终因窒息而死亡。

【剖检病变】　肺间质和肺泡高度气肿与水肿，肺切面呈蜂窝状。纵隔、肺与纵隔淋巴结、心包膜下及肩背部皮下和肌膜下都可见大小不等的气泡聚集（图 3-12）。

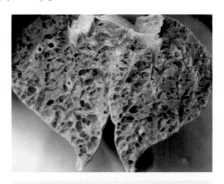

图 3-12　肺泡和间质气肿，肺切面可见大小不等的气泡（祁保民）

【诊断】　根据病史、呼吸困难症状和肺气肿病变即可做出诊断。

【预防】　加强甘薯保管，防止霉变；禁用霉烂甘薯喂羊。

【治疗】　无特效疗法，可按一般方法治疗。

1）中毒早期可洗胃，或内服 0.1% 高锰酸钾溶液 500 ~ 1000 毫升，或 1% 过氧化氢溶液 200 ~ 500 毫升。

2）为解毒、缓解呼吸困难症状，可静脉注射 5% ~ 20% 硫代硫酸钠注射液 10 ~ 20 毫升。

3）为加强肝解毒作用，可静脉注射等渗葡萄糖和维生素 C 等。

【诊治注意事项】　本病以预防为主，治疗应越早越好。

五、栎树叶中毒

栎树也称青杠树。栎树叶中毒是动物食入大量新生的栎树叶和嫩枝后，发生的以消化功能障碍和皮下水肿为特征的疾病。

【病因】 栎树叶中含有毒成分栎叶丹宁，当其被大量食入后，栎叶丹宁在消化道可降解为毒性更大的多酚类化合物，引起出血性胃肠炎，当其被吸收后引起肾病。

【流行特点】 发病季节明显，发生于栎树发芽新生成叶片的 3 ~ 5 月，4 月为发病高峰，主要见于牛，绵羊、山羊等动物也可见到。动物食入栎叶后 1 ~ 2 周出现症状。

【临床症状】 病初病羊精神沉郁，食欲不良，反刍减少或停止，前胃弛缓，粪便干硬等，随后有腹痛症状，不排或排少量黑红色糊状粪便（图 3-13）。尿量由多变少或无尿，体躯下部（胸、腹下、会阴部与股内侧）发生皮下水肿。最终病羊因肾功能衰竭死亡。

图 3-13 病羊精神沉郁、食欲不振，排少量黑红色糊状粪便（杨鸣琦）

【剖检病变】 体躯下部皮下明显水肿，浆膜腔大量积液，消化道黏膜与肾有出血斑点，肾肿大，且呈黄白色。

【诊断】 根据食入栎树叶史、发病季节、典型症状与病变可作疾病诊断。

【预防】 在栎树发芽生长期，不在栎树林中放牧，不用栎树叶喂羊，垫圈。

【治疗】 无特效解毒疗法。可采用下列一般解毒疗法。

1）为促进胃肠内容物排出，可用 1% ~ 3% 盐水 500 毫升瓣胃注射。

2）解毒可用 5% ~ 10% 硫代硫酸钠 10 ~ 20 毫升静脉注射，每天 1 次，连用 2 ~ 3 天。

3）为补液和防止酸中毒，可静脉注射碳酸氢钠液。

【诊治注意事项】 因有水肿症状，故应注意与有些寄生虫病、肾脏病、尿石病等相鉴别。本病应以预防为主。

六、氢氰酸中毒

氢氰酸中毒是由于羊采食富含氰苷的青绿饲料，在体内产生氢氰酸，使细胞呼吸功能受阻而发生的疾病。其特征是因组织缺氧而出现呼吸困难、黏膜潮红、肌肉震颤等症状。

【病因】　因采食玉米苗、高粱苗、胡麻苗、豌豆苗、三叶草等青绿饲料而突然发病，用过量杏仁、桃仁等中药治病也可引起本病。

【临床症状】　采食上述青绿饲料后 15～20 分钟即可发病，病羊表现腹痛不安，瘤胃臌气，呼吸加快，可视黏膜潮红，口吐白沫。先兴奋后沉郁，走路不稳或倒地。严重时体温下降，后肢麻痹，肌肉震颤，瞳孔散大，全身反射减弱或消失，心跳减弱，呼吸浅微，最终昏迷死亡。

【剖检病变】　病羊尸僵不全，尸体不易腐败，血液呈鲜红色、凝固不良（图 3-14）。呼吸道、消化道黏膜充血、出血，心包腔积液，心内、外膜出血，肺水肿，气管、支气管充满红色泡沫状液体，胃内容物散发苦杏仁味。

图 3-14　从肝脏流出的血液色鲜红，稀薄，凝固不良（陈怀涛）

【诊断】　根据有食入氰苷植物或氰化物史、主要症状和特征性病变，可对本病做出诊断，必要时可进行毒物检测。

【防治】　防止在有氰苷植物的地方放牧。若用含氰苷的饲料喂羊，应先加工调制再饲喂。对发病羊可速用亚硝酸钠 0.2 克，配成 5% 注射液静脉注射，然后用 10% 硫代硫酸钠注射液 10～20 毫升静脉注射。

【诊治注意事项】　本病应注意与亚硝酸盐和尿素中毒相鉴别。亚硝酸盐中毒主要由食入青菜类饲料引起，黏膜、皮肤发绀，血液呈酱油色。尿素中毒有明显的神经症状，胃内有氨臭味。

七、硒中毒

硒中毒是因动物采食大量含硒牧草、饲料或补硒过多而引起的一种中毒性疾病,临床上出现呼吸和运动功能障碍等症状。

【病因】 在硒含量过高的土壤上生长的牧草含硒量也高,当羊和其他动物采食这种牧草后便可引起中毒。当土壤含硒量达 1~5 毫克/千克、饲料含硒量达 3~4 毫克/千克时,一般认为可引起动物中毒。

【临床症状】 羊发生急性硒中毒时,表现精神沉郁、四肢无力、卧地回头观腹(图 3-15)、呼吸困难、可视黏膜发绀,终因窒息而亡。死前高声咩叫,从鼻孔流出白色泡沫状液体。慢性中毒时,病羊出现消化不良、逐渐消瘦、贫血、脱毛、蹄壳脱落、步态不稳等症状。

【剖检病变】 病羊尸体全身出血、肺瘀血、水肿,气管内充满大量白色泡沫状液体(图 3-16),腹腔积液,肝、肾变性等。

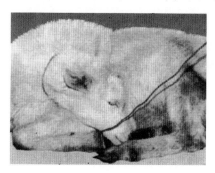

图 3-15 病羊精神沉郁,卧地不起,回头观腹(李引乾)

图 3-16 气管内充满大量白色泡沫状液体(李引乾)

【诊断】 本病可根据在富硒地区放牧、采食富硒植物以及有硒治疗史,再结合症状、病变做出初步诊断。当羊血硒含量高于 0.2 微克/克时,可作为早期诊断的指标。

【预防】 在富硒地区,可增加日粮中蛋白质、硫酸盐、砷酸盐等含量,以促进硒的排出。还可向土壤中加入氯化钡并多施酸性肥料,以减少植物对硒元素的吸收。在缺硒地区,预防硒缺乏时要严格掌握饲料中硒制剂的添加量。

【诊治注意事项】 本病诊断时不要单纯依靠上述症状和病理变化,一定要综合考虑。

八、铜中毒

铜中毒是因动物一次性摄入大剂量的铜盐，或长期食入含过量铜的饮水或饲料而引起的中毒性疾病。其主要特征为腹泻、黄疸和贫血。绵羊最为敏感，其次为牛和猪。

【病因】 铜盐是一类常用的杀虫、防腐剂，急性中毒多因一次性注射或误食大剂量可溶性铜盐而引起。慢性中毒多见于长期摄入被铜盐污染的饲草和饮水，或长期饲喂含有铜添加剂的饲料而引起。饲料中铜与钼的比例不当，或经常采食三叶草、千里光等植物也可引起继发性铜中毒。

【临床症状】 急性中毒者常表现流涎、呕吐、剧烈腹痛和腹泻。粪便中常混有浅绿色黏液。发病数天后出现溶血和血红蛋白尿。但多数病例常于1~2天虚脱死亡。慢性中毒时在出现溶血前无明显症状，发生溶血后突然出现精神沉郁、厌食、震颤、呼吸困难、黄疸和血红蛋白尿等症状。

【病理变化】 急性中毒时，表现黏膜黄染，血液黏稠且易凝固，胸、腹腔有红色积液；有出血-坏死性胃肠炎变化，以皱胃最严重，肠内容物呈深绿色；肝瘀血，广泛的小叶中心性坏死；膀胱出血，肾小管上皮变性坏死。慢性中毒时，特征变化为溶血性贫血和黄疸，血液呈巧克力色；肾肿大，呈古铜色（图3-17），有出血斑点，镜检可见肾组织中有大量含铜的血红蛋白沉积（图3-18）；肝脏肿大，呈土黄色，胆囊扩张，充满浓稠绿色胆汁；脾肿大，色黑。

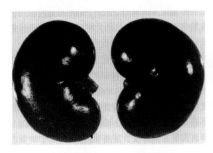

图3-17 慢性铜中毒：肾脏肿大，色暗，呈古铜色（Mouwen JMVM等）

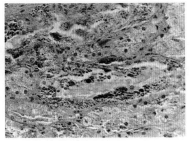

图3-18 慢性铜中毒：在肾脏近曲小管上皮细胞质和管腔中有许多含铜的血红蛋白滴，形圆、色绿，大小不一（Mouwen JMVM等）

【诊断】 本病根据病史、症状、病变，结合血液、肝、肾等组织中铜含量测定即可确诊。

【预防】 首先应断绝羊群与铜源的接触，饲喂优质牧草，同时静脉注射三硫钼酸钠（0.5毫克/千克体重，稀释为100毫升），可促进铜通过胆汁排出。在高铜地区放牧的羊，其精饲料中加入钼5毫克/千克、锌50毫克/千克和0.2%的硫，可预防本病的发生。

【治疗】

（1）急性中毒 用0.1%亚铁氰化钾（黄血盐）溶液或硫代硫酸钠溶液洗胃。静脉注射三硫钼酸钠（0.5毫克/千克体重，稀释为100毫升）。也可用皮下注射四硫钼酸铵治疗有溶血症状的绵羊，3.4毫克/千克体重，隔天1次，连用3次。

（2）慢性中毒 用50~500毫克钼酸铵和0.1~1克硫酸钠，加入日粮中，连用3~6周。

【诊治注意事项】 对植物性或肝源性中毒病羊，防止采食有毒植物是预防本病的关键。肝源性中毒是指天芥菜、千里光等植物含有铜滞留性肝毒生物碱，长期食用可引起肝源性慢性铜中毒。

九、氟中毒

氟中毒是羊采食高氟的饲料、饮水或氟化物药剂后引起的中毒性疾病。前者多引起慢性（蓄积性）中毒，通常称为氟病，以牙齿出现氟斑、过度磨损、骨质疏松和形成骨疣为特征。后者主要引起急性中毒，以出血性胃肠炎和神经症状为特征。

【病因】 急性氟中毒多因动物误食大量氟化物（如氟硅酸钠）所致。慢性中毒常见于下列情况：在自然高氟区，牧草、农作物和饮水中含氟量较高，动物采食后易引起中毒；某些工厂、矿山排出的废气含大量氟化物，通过污染环境引起家畜中毒；长期饲喂未脱氟的矿物质添加剂。

【临床症状】 急性中毒时，病羊反刍停止，腹痛、腹泻，粪便常带血液、黏液；呼吸困难，敏感性增高，抽搐，数小时内死亡。慢性中毒羊表现为氟斑牙，门齿、臼齿过度磨损，排列散乱（图3-19），咀嚼困难，骨质疏松，骨骼变形和骨疣形成，还有间歇性跛行、弓背和僵硬等症状。

【剖检病变】 急性中毒羊常表现出血-坏死性胃肠炎和实质器官的变质变化。慢性中毒羊特征病变为门齿松动、间隙变宽、磨损严重，有氟斑牙、骨骼变形、骨质疏松等。

【诊断】 急性氟中毒根据病史以及急性出血-坏死性胃肠炎症状和病变可做出诊断；慢性中毒根据病羊牙齿、骨骼的特征病变和跛行等症状可做出诊断。必要时可进行骨髓、尿液和牧草氟含量的检测，如羊骨骼氟含量超过临界值 2000～3000 微克/克，则认为是氟中毒。

图3-19 牙齿磨灭不齐，排列散乱，左右偏斜（刘宗平）

【预防】 预防本病的根本措施是：消除氟污染或离开氟污染的环境；在低氟牧场与高氟牧场实行轮牧；日粮中添加足量的钙和磷；防止环境污染；肌内注射亚硒酸钠或投服长效硒缓释丸等。

【治疗】

(1) 急性中毒 应先催吐，并用0.5%氯化钙溶液、0.05%高锰酸钾溶液或肥皂水洗胃，同时静脉注射葡萄糖酸钙注射液，并配合应用维生素 C、维生素 D 和维生素 B_1 等。

(2) 慢性中毒 目前尚无使病羊完全康复的治疗方法，应让病羊及早远离氟源，并供给优质牧草和充足的饮水，为了中和消化道产生的氢氟酸，每天可在饲料中混喂硫酸铝、氯化铝或硫酸钙等，也可静脉注射葡萄糖酸钙注射液。

【诊治注意事项】 急性氟中毒注意与有胃肠炎的传染病（如大肠杆菌病、沙门氏菌病）、中毒病等相鉴别；慢性氟中毒应与有骨损害病变的铜缺乏、铅中毒以及钙、磷代谢障碍性疾病相鉴别。

十、佝偻病

佝偻病是生长较快的幼羔因缺乏维生素 D 以及钙、磷代谢障碍所引起的骨营养不良性疾病。

【病因】 本病根据发病时间分为先天性佝偻病和后天性佝偻病。先天性佝偻病是由妊娠羊体内钙、磷或维生素 D 缺乏或摄入量不足，影响胎儿骨骼正常发育，致使幼羔出生后发病。后天性佝偻病是由母乳或饲料中的维生素 D、钙或磷不足，或缺乏舍外运动使阳光照射不足而发病。

【临床症状】 羔羊衰弱，生长迟缓，精神沉郁，行动缓慢，异嗜。步态不稳，跛行，病程稍长者关节肿大（图 3-20），以腕关节、跗关节、球关节较明显，四肢弯曲不能伸直，腰背拱起，严重时病羊以腕关节着地爬行，后驱不能抬起，甚至卧地不起，心跳、呼吸加快。也可见出牙期延长、齿形不规则等现象。

图 3-20 羔羊生长迟缓，四肢关节肿大，步态不稳（贾宁）

【剖检病变】 羔羊骨组织钙化不全，软骨骨化障碍，骨组织钙盐沉积不足，软骨肥厚，骨骺增大，骨弯曲变形。

【诊断】 本病早期诊断较为困难，一般需根据病史以及生长缓慢、异嗜等症状和骨与关节变形的病理学变化，结合血液中钙、磷含量的检查方可做出诊断。

【预防】 加强妊娠母羊和泌乳母羊的饲养管理，饲料中应含丰富的蛋白质、维生素 D 和钙、磷，注意钙、磷配合比例（1.2～2）：1，适当增加鱼粉、骨粉等矿物质饲料，供给充足的青绿饲料，适当进行舍外运动，补充阳光照射。对羔羊适当投喂鱼肝油和维生素 D 制剂，必要时补充甘油磷酸钙 0.5～1 克。

【治疗】

(1) 维生素 A 和维生素 D 注射液 每只羊各 3 毫升，肌内注射。

(2) 精制鱼肝油 每只羊 3 毫升，肌内注射或灌服，每周 2 次。

(3) 10% 葡萄糖酸钙注射液 每只羊 5～10 毫升，静脉注射。

【诊治注意事项】 本病的主要症状和病变在骨关节，因此应注意与许多骨关节疾病及其炎症相鉴别。如铜缺乏病时也有运动障碍和关节肿大症状，但为骨骺端的炎症，而不是骨骺端软骨肥大和增宽，同时血清碱性磷酸酶活性变化不明显，体内铜含量明显下降。

十一、骨软症

骨软症是成年羊软骨骨化完成后，由于饲料中缺乏磷，或钙、磷比例不当，导致骨质进行性脱钙，呈现以骨质疏松和骨骼变形为特征的一种营养不良性疾病。

【病因】 主要是由于饲料中磷含量不足，钙、磷比例失调，维生素 D 不足所引起的。此外，羊舍狭小、通风不良、冬季阴冷，造成光照不足，使维生素 D 合成受阻等因素，也会促进骨软症的发生。

【临床症状】 病羊主要表现消化紊乱、异嗜、跛行以及骨骼变形等症状（图 3-21）。首先病羊表现异嗜，舔食泥土、铁器等，随后出现跛行，经常卧地，严重时后肢瘫痪。骨骼系统主要表现上颌骨肿胀，硬腭凸出，致使口腔闭合困难等。

图 3-21 母羊营养不良，骨质软化，脊柱变形下凹（陈怀涛）

【剖检病变】 主要表现骨质疏松，管状骨间隙扩大，骨哈佛氏管的皮层界限不清，骨小梁消失，骨的外面呈齿形。全身大部分骨骼表现柔软、弯曲、变形，易出现骨折。

【诊断】 本病根据自然条件、日粮情况和症状，可做出初步诊断。确诊可进一步分析饲料中钙、磷和维生素 D 含量以及血清磷含量，并可测定血清碱性磷酸酶活性。X 线检查可作为辅助诊断方法。

【防治】 本病应以预防为主，预防原则是加强饲养管理，在不同生理时期供给全价日粮，特别是高产奶山羊。平时更应注意饲料配比合理，特别是钙、磷比例。

1）发病早期，通过在饲料中补充骨粉和磷酸氢钙治疗，每天在精饲料中添加 20 克骨粉，5～7 天为 1 个疗程。

2）严重时，可静脉注射 20% 磷酸二氢钙注射液 20～50 毫升或 3% 磷酸钙注射液 200 毫升，每天 1 次，连用 3～5 天。在上述治疗中如同时肌内注射维生素 D 可提高治疗效果。

【诊治注意事项】 本病应注意与关节炎、肌肉风湿、慢性氟中毒等疾病相鉴别，前两种病虽有跛行症状，但无骨骼变形等病变，慢性氟中毒时牙齿病变明显。

十二、食毛癖

食毛癖是主要发生于成年绵羊和山羊的一种营养缺乏性疾病，其主要症状是嗜食被毛，常呈散发或在某一地区流行。

【病因】 一般认为，羊体内多种营养成分不足，尤其是常量矿物质元素硫缺乏是导致食毛癖发生的主要原因。

【临床症状】 病羊啃食自身或其他羊的被毛，且以啃食臀部被毛为主。毛被啃食的羊出现少毛、大片无毛现象（图3-22）。有的病羊还有啃食毛织品、煤渣、骨头等症状。病羊被毛粗乱、焦黄，食欲减退，逐渐消瘦，全身无力，甚至食欲废绝，流涎。有些羊还出现磨牙、不排粪便、腹胀等症状，个别羊有腹泻和腹痛的表现。

【剖检病变】 病羊尸体消瘦，体表少毛或无毛，皮下胶样水肿，肠腔内常有毛团、毛球（图3-23），心脏柔软，常见灰白色病变区等。

图3-22 羊群营养不良，被毛大量脱落或被啃掉（黄有德）

图3-23 从食毛癖羊肠道中收集的毛球（甘肃农业大学兽医病理室）

【诊断】 本病可根据病史和上述症状做出诊断，有时病羊腹部触诊时在皱胃或肠内可摸到大小不等的毛球。

【防治】 对本病可采取以下防治措施：羔羊出现食毛现象时应与母羊隔离，只在哺乳时允许其相互接近；给母羊供给全价饲料，注意羊舍卫生并及时清理脱落的羊毛；羊群大批发病时应及时分析饲料状况，并进行针对性补饲；给病羊饲料或饮水中添加含硫化合物（如硫酸铝、硫酸钙、硫酸亚铁或硫酸铜等），硫元素的含量应控制在饲料干物质的0.05%，或成年羊每只0.75~1.25克/天；对于并发毛球症的病羊，可用泻剂促其排出，也可根据情况实施手术治疗。

十三、硒-维生素E缺乏症

硒-维生素E缺乏症也称白肌病，是一种地方性营养代谢病，主要是由于微量元素硒与维生素E缺乏或不足而引起家畜肌肉、心肌等器官或组织变性、坏死的一类疾病。本病多见于羔羊。

【病因】　主要由于饲草、饲料中微量元素硒与维生素E缺乏而引起。在疾病流行区，土壤硒含量低于正常，其生长的饲草硒含量偏低。而存在于青绿饲料中的维生素E极不稳定，易被氧化，如饲料加工或储藏不当，可导致维生素E被破坏，故其含量可大大降低。硒和维生素E是强氧化剂，在体内抗氧化过程中发挥重要作用，当其缺乏时即会引起一系列病变。

【临床症状】　主要表现为运动障碍，即喜卧、起立困难、肢体僵硬、共济失调，心跳加速，脉搏细弱，节律失常，严重时可引发突然死亡。

【病理变化】　骨骼肌苍白，有灰白色条纹或斑块状病变（图3-24、图3-25）。心包积液，心腔扩张，心脏变形，色变浅，心肌萎缩，可见灰白色、灰黄色条纹或斑点（图3-26、图3-27）。镜检可见肌纤维变性、坏死等变化（图3-28）。

图3-24　骨骼肌颜色变浅并可见灰白色条纹和斑块（陈怀涛）

图3-25　病山羊腿部肌肉柔软、颜色变浅（许益民）

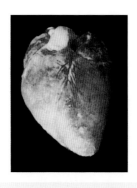

图 3-26 病羊心脏颜色变浅，并可见不均匀的浅灰黄色区域（康承伦）

图 3-27 病山羊心肌柔软，可见不均匀的灰白色斑块状病变（许益民）

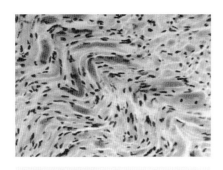

图 3-28 骨骼肌纤维呈波浪状，并发生玻璃样病变，染色不均，有些纤维断裂崩解，间质细胞增生（HE×400）（陈怀涛）

【诊断】 本病一般根据症状、病理变化等情况可做出诊断，必要时进行实验室诊断，如测定组织器官、饲料和土壤中的硒含量等。

【预防】

（1）调换饲草、饲料 在低硒地区，有计划地从富硒地区购入部分饲草、饲料，与本地饲草、饲料调剂使用。

（2）母羊妊娠期补硒 妊娠中后期可用最低剂量亚硒酸钠注射 1 次，以提高乳汁中的硒含量。

（3）土壤改良　土壤中补充亚硒酸钠或硒肥。

（4）投喂硒缓释丸　把硒粉与其他金属混合，用物理方法加工成一定的形状，投入瘤胃，使其缓慢释放硒，供机体利用。

【治疗】

1）病羊应及早应用硒制剂进行治疗。加强护理，供给优质牧草，饲料中添加亚硒酸钠0.1毫克/千克。

2）病羔用0.2%亚硒酸钠注射液1.5~2毫升皮下或肌内注射，15天后重复注射1次；病情严重者，每5天注射1次，连用2次。

3）肌内注射维生素E，成年羊300毫克，羔羊100毫克，适当使用维生素A、维生素B、维生素C及其他对症疗法，以提高疗效。

十四、铜缺乏症

铜缺乏症是由于机体铜摄入量不足而引起的一种营养代谢病，其特征为贫血、腹泻、神经功能紊乱、运动障碍等。

【病因】　铜缺乏症主要因当地土壤中铜含量不足或缺乏而引起，一般认为饲料中铜含量低于3毫克/千克，便可导致发病。若饲料中钼含量过高，达到3~10毫克/千克，则可妨碍铜的吸收而引起铜缺乏症。另外，饲料中锌、镉、铁、铅、硫酸盐等含量过高也可导致铜缺乏症的发生。

【临床症状】　病羊表现贫血、红细胞减少。由于运动发生障碍而走路摇摆，故也称摆腰病或地方性共济失调，严重时后肢麻痹呈犬坐姿势或卧地不起（图3-29）。骨与关节发生变形，被毛褪色，毛质下降。心功能障碍，易突发心力衰竭而死亡。绵羊毛弯曲度下降，黑色毛变为灰白色。羔羊出现消化不良、消瘦、腹泻等症状。

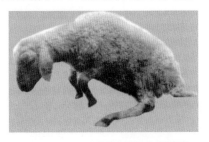

图3-29　病羊后肢麻痹，起立困难
（刘宗平）

【剖检病变】　病羊尸体明显贫血和消瘦，肝、脾、肾等组织出现广泛含铁血黄素沉着，脑与脊髓白质呈灶状溶解破坏并出现空洞，大脑水肿。

【诊断】　根据病史和症状可怀疑为本病，血液中铜含量的测定有助于确诊。病理学检查在诊断上有重要意义。

【防治】 本病应以预防为主，如在饲料中添加硫酸铜（5毫克/千克），或经口投服含硒、铜、钴等微量元素的长效缓释丸，可有效预防本病。对于缺铜地区应施以含铜的肥料，或对动物补以含铜饲料。对于发病动物，可用甘氨酸铜注射液45毫克皮下注射，或内服0.5~1克硫酸铜，每周1次，连用3~5周。如上述铜与钴制剂合并应用，效果更好。

【诊治注意事项】 本病应注意与运动器官疾病或其他营养代谢病相鉴别。

十五、碘缺乏症

碘缺乏症是因缺碘引起的单纯性甲状腺肿。

【病因】 土壤和饮水中无机碘缺乏是致病的主要原因。特别是母羊妊娠期更加需要大量甲状腺激素时，如果缺碘，不仅会使母羊发生甲状腺肿大，而且这些母羊产的羔羊也会发生甲状腺肿。

【流行特点】 本病发生于世界许多地区，尤其是远离海岸线的内陆缺碘地区发生较多，在这些地区发病往往呈地方性流行。

【临床症状】 羔羊发病率高于成年羊。病初甲状腺肿块难以发现，如超过4克，则在颈上部两侧颈静脉沟中可触摸到卵圆形块状物。患病母羊可以妊娠和产羔，但妊娠期往往延长，有时发生流产。新生羔羊体小而弱，被毛发育不良，不能随母羊行动，步行困难，也不能吮乳，常常发生营养不良，颈下可见鸡蛋大至拳头大的肿块，肿大的甲状腺压迫气管而引起羔羊呼吸困难（图3-30）。

图3-30 新生羔羊颈部变粗或形成肿块，头颈（眼眶、面颊、鼻、唇等）部皮下水肿，四肢弯曲不能站立，多于出生后2~4小时死亡（张高轩）

【剖检病变】 病死羔甲状腺高度肿大，严重时气管和食管明显受压，管腔狭窄，其周围组织充血、出血、水肿。肿大的甲状腺表面和切面呈紫褐色或暗红色，柔软，含有凝血（图3-31）。

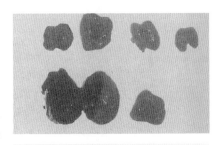

图3-31　病死羊甲状腺均有程度不等的肿大，分两叶，呈紫褐色，最重可达30克以上（张高轩）

【诊断】　本病根据症状和病理变化可以确诊，也可测定饲料、土壤和饮水中碘的含量，如土壤中碘在0.3毫克/千克、饮水中碘在10毫克/千克、日粮中碘在0.8毫克/千克以下时，可认为是碘缺乏。病死羔羊甲状腺在2.8克以上或初生羔羊每千克体重甲状腺重超过0.5克，可认为患有本病。也可测定血清蛋白结合碘（PBI），以估计动物体内碘的状况，动物血清蛋白结合碘的正常范围为24～140微克/升。

【预防】　羊对碘的需要量为0.002～0.004毫克/千克饲料，因此饲料中碘的补给量超过上述需要量时，就可预防本病。在碘缺乏区，可采用多种方法补碘，如在饮水中每天每只羊加入50微克碘化钾或碘化钠；舍饲羊饲料中加入含碘添加剂或在食盐中加入碘化钾或碘化钠1毫克/千克，让羊自由采食。

【治疗】　发现病羊，可用以下方法治疗：

(1) 碘化钾（钠）　每天每只羊5～10毫克，混于饲料中饲喂，20天为1个疗程，停药2～3个月后，再饲喂20天。

(2) 5%碘酊或10%复方碘溶液　每天每只羊5～10滴，加入饮水中，20天为1个疗程，停药2～3个月后，再饮用20天。

【诊治注意事项】　应坚持对妊娠母羊、泌乳母羊和羔羊补碘，但补碘量不能过大，否则会造成高碘甲状腺肿。绵羊对碘的最大耐受量为日粮中含50毫克/千克。

十六、尿结石

尿结石即尿石病，是指尿路中形成结石的一种代谢障碍性疾病。结石可刺激黏膜引起出血、炎症和尿路阻塞等一系列病理变化，甚至可因膀胱破裂、尿毒症等而导致动物死亡。

【病因】　各种能引起肾脏和尿路感染的因素，均有可能导致尿结石。此外，羊在富含草酸盐和硅酸盐的植物草场放牧、食入过量的棉籽饼、饮水不足或水质碱性过大、维生素A和维生素D缺乏、甲状旁腺功能亢进、磺胺类药物使用过多等，均可导致尿结石的发生。

【流行特点】　结石多发生于公绵羊、羯羊和羔羊（尤其是公羔），且多呈地区性发病。

【临床症状】　如结石细小且数量较少，一般不引起明显症状。但结石体积较大时，则会带来明显的症状。主要表现排尿障碍，排尿时间延长，尿液呈断续或点滴状流出，有时排出血尿。当尿道完全阻塞时，则呈现尿闭或肾性腹痛。胸腹下和尿道周围皮下瘀血水肿，眼结膜潮红、水肿。病羊后肢屈曲叉开，拱背缩腹，频频举尾，屡呈排尿动作，但无尿液排出。长期的尿闭可导致尿毒症或膀胱破裂而引起死亡。

【剖检病变】　结石可形成于尿路的任何部位（图3-32 ~ 图3-34），但最常梗阻在公羊的尿道内（如S状弯曲处、尿道突等），梗阻部黏膜发生坏死和溃疡，尿液瘀滞，有急性出血性尿道炎，甚至引起膀胱炎和肾盂肾炎。如果膀胱或尿道破裂，则引起腹膜炎和周围组织的炎症。

图3-32　肾盂结石：肾盂中有1个紫褐色玉米粒大的不规则形结石形成，其表面粗糙（张高轩）

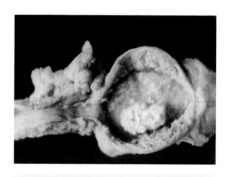

图3-33　膀胱结石：膀胱内有许多大小不等的砂粒状结石（李晓明）

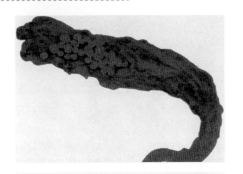

图3-34　尿道结石：尿道内积聚许多
黄豆粒和砂粒大的结石（张高轩）

尿结石多为成层的结构，坚硬，呈球形或卵圆形，也有的呈砂石状。

【诊断】　根据病史、流行特点和以排尿困难为主的临床症状可做出诊断。病羊尸体剖检发现结石即可确诊。

【防治】　预防本病要避免长期单纯饲喂某种富含矿物质的饲料和饮水，饲料中钙、磷比例要适当，饲料中应含有适量的维生素A，并保证充足的饮水。用棉籽副产品作饲料时，应脱去其棉酚毒。严格控制精饲料饲喂量。

当怀疑羊有尿结石时，可通过改善饲料以减轻病情，如给病羊投喂流体饲料和大量饮水，必要时可给予利尿剂。对患草酸盐尿结石的病羊，可用硫酸阿托品或硫酸镁治疗；对患磷酸盐尿结石的病羊，可用稀盐酸进行治疗。对种羊，可考虑手术治疗。

【诊治注意事项】　本病应与肾脏疾病相鉴别，因为都有腰部疼痛、排尿困难等症状。死后剖检时，膀胱出口、尿道尤其公羊S弯曲与尿道突应是检查的重点，因为这些部位最容易被结石阻塞。

👉 十七、妊娠毒血症 👈

羊的妊娠毒血症是妊娠末期母羊发生的一种亚急性代谢障碍性疾病。以低血糖、酮血症、酮尿症、虚弱和失明为主要特征。奶山羊和绵羊发生较多。

【病因】　一般认为本病的发生与碳水化合物和挥发性脂肪酸代谢障碍有关。母羊怀双羔、三羔或胎儿过大时需要消耗大量的营养物质，常为发病诱因。天气寒冷、缺乏运动和母羊营养不良是导致发病的重要原因。

【临床症状】 症状常在妊娠最后 1 个月，特别是产前 10～20 天出现。各品种的母羊在怀第二胎及以后妊娠时均可发生。病初母羊精神沉郁，常呆立，瞳孔散大，视力减退，意识紊乱。以后黏膜黄染，食欲废绝，磨牙，反刍停止。呼吸浅快，呼出的气体有丙酮味。后期母羊表现运动失调，严重时失明，震颤，昏迷，多在 1～3 天死亡。

【病理变化】 血液学检查时主要表现为低血糖、高血酮和低蛋白血症，淋巴细胞和嗜酸性粒细胞减少。尿液酮体呈强阳性。肝、肾肿大、黄染、质脆，切面有油腻感（图 3-35）。镜检可见实质细胞尤其是肝细胞严重脂肪变性，甚至坏死（图 3-36）。

【诊断】 根据症状、营养状况、妊娠时间、血尿检查结果即可做出诊断，死后可进行组织学检查。

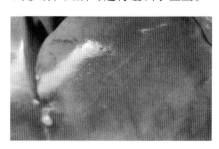

图 3-35 肝脂肪变性：肝脏肿大，质地脆软，呈红黄色（李晓明）

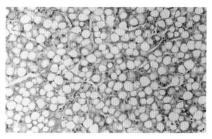

图 3-36 肝脂肪变性：肝细胞质被大小不等的脂肪滴（空泡）占据（HE×200）（李晓明）

【预防】 预防本病的关键是合理搭配饲料，保证母羊所必需的糖、蛋白质、矿物质和维生素。在妊娠期间，应提供专门的营养和管理，要避免极端的体质状态（如消瘦和肥胖）而保证中等营养状态。在妊娠最后 2 个月，饲料中的能量和蛋白质均应增加，每天供给精饲料 250 克，直至产前 2 周，每天精饲料应增至 1 千克。避免饲喂制度的突然改变，并且要增加运动。

【治疗】

1）以肌醇作为驱脂药，促进脂肪代谢、降低血脂、保肝解毒。

2）25%～50%葡萄糖注射液150～200毫升，维生素C 0.5克，一次静脉注射，每天2次。也可结合应用类固醇激素治疗，如胰岛素20～30单位，肌内注射。

3）氢化可的松75毫克和地塞米松12毫克，肌内注射，同时静脉注射葡萄糖及钙、磷、镁制剂。

4）如果以上方法无效，建议尽快施行剖腹产或人工引产。

【诊治注意事项】 本病应注意与羊生产瘫痪相区别。但羊生产瘫痪多见于高产奶山羊，常发生于产后1～3天或泌乳早期，以补钙和乳房送风治疗法有效。

十八、口膜炎

口膜炎是羊口腔黏膜炎症的总称。炎症可以是局部性的，也可以是全口腔黏膜组织弥漫性的。按炎症的性质又可分为卡他性、水疱性、化脓性和溃疡性等口膜炎。

【病因】 能够引起羊口膜炎的病因很多，如机械损伤，强酸、强碱的刺激，饲喂霉变饲料，营养物质缺乏等。此外，也可并发于许多传染病和寄生虫病，如口蹄疫、羊痘、羊口疮等。

【临床症状】 口黏膜因发炎而敏感性增加，病羊常拒食或厌食，流涎，口角常有白色泡沫，有时甚至有大量引缕状唾液从口中流出。病羊常拒绝口腔检查，口温高，口腔常发出恶臭气味。如并发于其他疾病，则还表现出其他疾病的症状。

【剖检病变】 口腔黏膜可见充血、肿胀、水疱、脓疱、糜烂或溃疡等变化（图3-37）。

【诊断】 根据症状和病理变化容易做出诊断。

【预防】 防止羊口腔黏膜受到机械、冷热与化学物质等的刺激，不饲喂霉败饲料，给予易消化的饲料和清洁的饮水。

【治疗】 可采用消毒收敛剂（如0.1%高锰酸钾溶液等）冲洗口腔，糜烂处用2%明矾溶液冲洗，溃疡处可用碘甘油（含碘1%）涂擦，有全身反应时用青霉素40万～80万单位、链霉素0.5克，一次肌内注

图 3-37 口膜炎：口黏膜潮红，局部有烂斑（贾宁）

射，连用 3～5 天。也可用磺胺类药物治疗。

【诊治注意事项】 如口膜炎由传染病引起，则应首先治疗原发病。

十九、鼻　炎

鼻炎是羊鼻黏膜发生的炎症。按炎症性质可分为浆液性、黏液性、化脓性鼻炎。

【病因】 原发性鼻炎主要是受寒感冒引起的，也可因吸入尘埃和霉菌孢子以及有害气体刺激等引起。此外，鼻炎还常继发于许多传染病和寄生虫病（如羊狂蝇蛆病）等。

【临床症状】 发生急性原发性鼻炎时，病羊表现摇头、喷鼻，在周围物体上摩擦鼻部。有的羊体温可能升高，精神沉郁。鼻液初期为浆液性，以后可转变为黏液性，甚至成为化脓性或出血-化脓性鼻液（图3-38）。鼻液多而浓稠时，病羊表现呼吸困难、发出鼻塞音、咳嗽和吞咽困难等。慢性或继发性鼻炎病程较长，症状时轻时重。

【剖检病变】 由于病程和炎症性质不同，可见鼻黏膜充血、肿胀，附有浆液、黏液、脓液等，黏膜也可见坏死、溃疡或增生变化。

【诊断】 根据病理变化和症状即可确诊。

【预防】 防止羊受寒感冒，减少其他致病物对鼻黏膜的刺激，冬季羊舍应温暖、通风。

【治疗】 对继发性鼻炎应及时治疗原发病。鼻炎的局部治疗方法：用温生理盐水、1% 碳酸氢钠溶液、2%～3% 硼酸溶液、1% 磺胺溶液、

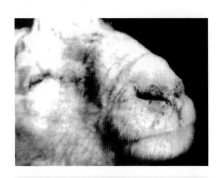

图 3-38 鼻黏膜潮红，从鼻孔流出黏性鼻液（贾宁）

1%明矾溶液、0.1%鞣酸溶液或 0.1%高锰酸钾溶液，根据病情每天冲洗鼻腔 1～2 次。冲洗后涂以青霉素或磺胺药膏等。体温反应明显时，要及时应用磺胺类药物或抗生素进行治疗。

【诊治注意事项】 鼻炎由多种原因引起，常为多种疾病的局部表现，因此，除上述一般治疗方法外，要注意查明鼻炎的原因或原发病，进行针对性治疗，如对羊狂蝇蛆所致的鼻炎还要及时采用伊维菌素或阿维菌素等治疗方法。

二十、支气管肺炎

支气管肺炎又称小叶性肺炎，主要是由病原微生物感染引起的以细支气管为中心的单个或多个肺小叶的炎症。

【病因】

1）引起支气管肺炎的主要病原微生物是细菌（肺炎球菌、葡萄球菌、链球菌、化脓棒状杆菌、大肠杆菌、沙门氏杆菌等）和病毒（鼻炎病毒、流感病毒等）。

2）发病诱因是受寒感冒，饲养管理不良（如圈舍阴暗潮湿、狭窄拥挤、通风不良、缺乏光照、羊运动不足，以及长途运输、饥饿应激、营养缺乏，特别是缺乏维生素），致使机体抵抗力下降，病原入侵感染。

【临床症状】 病初出现干而短的疼痛性咳嗽，随着病情的发展逐渐变为湿而长的咳嗽，并有分泌物咳出。呼吸增数，流少量浆液性、黏液性或脓性鼻液（图 3-39）。体温升高 1.5～2℃，呈弛张热型（体温日差在1℃以上而不降至常温）。精神沉郁，食欲减退或废绝，可视黏膜潮红或发绀。

图3-39 病羊呼吸加快，鼻腔流出少量浆液性鼻液（陈怀涛）

【诊断】

（1）临诊检查 肺部听诊，可听到捻发音、干啰音和湿啰音，有时出现支气管呼吸音。胸部叩诊，可发现一个或多个局灶性的小浊音区，或者大片浊音区。

（2）血液学检查 白细胞总数增多，中性粒细胞比例上升，核左移。

（3）X线检查 显斑片状或斑点状的渗出性阴影，大小和形状不规则，密度不均匀，边缘模糊不清，可沿肺纹理分布。

【治疗】 首先要消除发病诱因，加强护理，抗感染，祛痰止咳，制止渗出和促进吸收，对症和全身支持治疗。

（1）抗感染

1）用抗生素、喹诺酮类或磺胺类药物进行治疗。支气管肺炎多是几种病原微生物引起的混合感染。在没有条件进行病原分离、培养、鉴定及药敏试验时，应当联合应用抗菌药物，或选择广谱抗菌药物。联合使用青霉素及链霉素效果较好。青霉素按2万~3万单位/千克体重计量、链霉素按10~15毫克/千克体重计量，肌内注射，每天2次，连用3~5天。重症病羊或种羊、奶山羊可选用头孢噻吩钠（10~20毫克/千克体重，肌内注射，每天3~4次）、恩诺沙星（2.5毫克/千克体重，肌内注射，每天1~2次）、氧氟沙星（2.5毫克/千克体重，肌内注射，每天2次）。

2）支气管炎症状明显的病羊，可采用气管内注射方法治疗。

3）细菌和病毒混合感染时，联合应用抗菌药物、特异性抗血清、干扰素、黄芪多糖及双黄连等。

（2）祛痰镇咳 咳嗽剧烈、干咳无痰时可用镇咳止痛药（磷酸可待因0.05~0.1克，内服，每天1~2次），痰液多且黏稠不易咳出者可内服溶解性祛痰药（氯化铵1~5克，内服，每天2~3次）。

（3）**制止渗出** 静脉注射10%氯化钙液1~5克/次或10%葡萄糖酸钙液5~15克/次。

（4）**对症、支持疗法** 体温过高时可用安乃近注射液1~2克/次或阿尼利定注射液5~10毫升/次，皮下或肌内注射。重症病羊可静脉注射葡萄糖10~50克/次、安钠咖注射液0.5~2克/次，皮下（或肌内、静脉）注射，维生素C注射液0.2~0.5克/次，皮下（或肌内、静脉）注射及地塞米松磷酸钠注射液4~12毫克/次，肌内或静脉注射（连用3~5天）。

【诊治注意事项】 本病也可继发或并发于某些传染病、寄生虫病等疾病。诊断时应注意鉴别，对继发或并发的支气管肺炎，首要是治疗原发病。

二十一、结 膜 炎

结膜炎是羊的一种常见眼病。

【病因】 机械性损伤，化学性物质和强光的刺激，病原微生物的感染以及某些寄生虫的寄生等，都可导致羊结膜炎的发生。

【临床症状】 病羊眼畏光，常常流泪，眼结膜红、肿、热、痛，有较多的分泌物，眼睑肿胀（图3-40）。有时伴有全身性反应。

图3-40 眼结膜潮红，有黏脓性
分泌物（贾宁）

【剖检病变】 结膜充血、肿胀、潮红，有浆液性或黏液性、脓性分泌物。结膜也可发生糜烂、坏死。

【诊断】 根据症状和病理变化即可确诊。

【防治】 避免各种刺激，防止寄生虫寄生和病原微生物的感染。治疗可根据病原而采取相应的措施，一般情况下可用各种眼药水点眼，并用抗生素注射治疗。

二十二、急性瘤胃臌气

急性瘤胃臌气是羊采食大量易发酵饲料，在瘤胃中迅速产生大量气体而引起的疾病，多发于春末、夏初放牧的羊群，绵羊较山羊多见。

【病因】 主要是食入过量易发酵的饲料，如幼嫩的紫花苜蓿、霜冻饲料、霉败变质的饲料以及抢食过量精饲料等。

【临床症状】 病羊表现不安，不食，反刍与暧气停止，腹部膨大，左肷窝向外明显凸出（图3-41），甚至高于脊柱，触诊左侧腹部紧张性增加，叩诊呈鼓音，听诊瘤胃蠕动音减弱。同时，可视黏膜发绀，呼吸困难，心跳加快，如不及时治疗，可迅速发生窒息或心脏停搏而死亡。

图3-41 急性瘤胃臌气：瘤胃中有大量气体，左侧肷窝明显凸出（黄振华）

【诊断】 根据病史和典型症状即可做出诊断。

【预防】 主要是加强饲养管理，放牧或饲喂青绿饲料前一周，要先喂青干草，以免饲料突然改变而引起羊只过食；严禁在苜蓿地、有冰霜的牧草地放牧；加强饲料的储藏与管理，防止霉败变质；不要一次饲喂过量精饲料等。

【治疗】 治疗原则是迅速排除瘤胃气体，并制止食物继续发酵。

(1) 急性病例 立即插入胃管放气，或用 5% 碳酸氢钠溶液 1500 毫升洗胃，必要时进行瘤胃穿刺放气。

(2) 轻症病例 来苏儿 2.5 毫升，或 40% 甲醛溶液 1~3 毫升，或氧化镁 30 克，加水适量，一次灌服。

(3) 重症病例 用液状石蜡 100 毫升、鱼石脂 2 克、酒精 10 毫升，加水适量，一次灌服，必要时隔 15 分钟再灌药 1 次。

【诊治注意事项】 瘤胃穿刺放气在左肷部实施，用兽用 16 号针头，放气整个过程和拔针头时一定要紧压腹壁，使腹壁紧贴瘤胃壁，以防胃内容物进入腹腔引起腹膜炎。

二十三、前胃弛缓

前胃弛缓是因饲喂不合理引起前胃兴奋性和收缩力降低的疾病，主要症状是食欲、反刍、嗳气障碍，前胃蠕动力量减弱或停止，甚至继发酸中毒。

【病因】 饲管不当，饲料单一，长期饲喂难以消化的饲料如秸秆、麦麸等，长期饲喂过多精饲料而运动不足，饲喂霉败、冰冻、缺乏矿物质的饲料，都可使消化功能紊乱，胃收缩力降低而引发本病。此外，瘤胃臌气、瘤胃积食、胃肠炎以及其他一些疾病也可引起继发性前胃弛缓。

【临床症状】 发生急性前胃弛缓时，前胃因大量食物积聚而扩张（图3-42），病羊食欲消失，反刍停止，瘤胃蠕动力减弱或停止，瘤胃内容物发酵，产生气体，故左腹增大，触诊感不坚实。发生慢性前胃弛缓时，病羊精神沉郁，倦怠无力，喜卧地，食欲减退，反刍缓慢，瘤胃蠕动力减弱，次数减少。如为继发性前胃弛缓，常伴有原发病的症状。

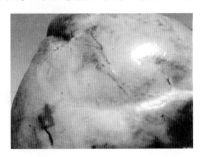

图 3-42 前胃弛缓：前胃因大量食物积聚而扩张（贾宁）

【诊断】 根据饲养管理情况和症状，一般可做出诊断。

【预防】 主要是加强饲养管理，消除病因。

【治疗】 如为过食引起，可采取饥饿疗法，禁食2～3天，然后供给易消化的饲料，使胃功能慢慢恢复。

重症者可先用泻剂清理胃肠，成年羊用硫酸镁20～30克（或人工盐20～30克）、液状石蜡100～200毫升、番木鳖酊2毫升、大黄酊10毫升，加水500毫升，一次灌服。为加强瘤胃蠕动，可用10%氯化钠注射液20～30毫升或10%氯化钙注射液10毫升、生理盐水100毫升，混合后一次静脉注射；或用2%毛果芸香碱注射液1毫升，皮下注射。也可用酵母粉10克、红糖10克、酒精10毫升、陈皮酊5毫升，混合后加水适量灌服。

为防止酸中毒，可灌服碳酸氢钠10～15克（或将此药加入上述混合剂中灌服）。

【诊治注意事项】 如为继发性前胃弛缓，应同时对原发疾病进行治疗。本病应注意与瘤胃疾病相鉴别。

二十四、胃肠炎

胃肠炎是胃肠黏膜的炎症性疾病，其特征是胃肠功能障碍并有腹泻和自体中毒现象。

【病因】 主要因饲养管理不良导致，如食入冰冻、发霉、腐败饲料，或受化学药品刺激等。另外，中毒、生物性因素（如大肠杆菌、副结核杆菌）等也可引起本病。

【临床症状】 病羊食欲不良或废绝，口腔干燥发臭，舌有黄白苔，常有腹痛表现，肠音先增强，以后减弱或消失。病羊排稀便，粪便较臭，且粪便中常混有黏液或血液，病羊肛门周围被毛和后肢内侧常被粪便沾污（图3-43）。尿少色浓，病羊消瘦，脱水，衰弱，体温高，严重时衰竭死亡。

【剖检病变】 发生急性卡他性胃肠炎时，胃黏膜充血潮红，黏膜表面附着较多黏液（图3-44）。

【诊断】 根据病因和典型症状即可做出诊断。

【预防】 加强饲养管理，防止不良饲料进入体内，注意原发病的发生。

图 3-43　病羊腹泻，肛门周围被毛和后肢内侧被粪便沾污（黄振华）

图 3-44　急性卡他性胃肠炎：胃黏膜充血潮红，黏膜表面附着较多黏液（贾宁）

【治疗】

1）青霉素 40 万 ~80 万单位、链霉素 0.5 克，肌内注射，每天 1 次，连用 5 天。

2）磺胺脒 4 ~6 克、碳酸氢钠 3 ~5 克，一次内服。

3）5% 葡萄糖注射液 150 ~300 毫升、10% 樟脑磺酸钠注射液 4 毫升、维生素 C 100 毫克，混合后静脉注射，每天 1 次，连用 3 天。

4）中药可用白头翁 12 克、秦皮 9 克、黄连 2 克、黄芩 3 克、大黄 3 克、栀子 3 克、茯苓 6 克、泽泻 6 克、郁金 9 克、木香 2 克、山楂 6 克，水煎一次灌服。

【诊治注意事项】　由于胃肠炎的原因很多，诊断时应仔细分析。除采取一般性治疗外，要注意针对性治疗，特别是治疗原发病。

二十五、羔羊消化不良

羔羊消化不良又称羔羊拉稀或腹泻，是羔羊由于消化吸收障碍或胃肠道感染所致的以腹泻为主要特征的疾病。

【病因】

1）妊娠母羊饲喂不全价的饲料，导致羔羊发育不良，同时影响母乳质量；母羊疾病（乳腺炎、胃肠炎、子宫内膜炎等）导致母乳含有毒有害物或病原微生物。

2）羔羊饲养管理不当。采食初乳时间过晚、量不足；补饲过早；环境应激，如寒冷、潮湿等；饲料中缺硒、缺铁等。

3）胃肠道感染。多因舔食粪尿、泥土及粪尿污染的饲草，乳汁酸败，哺乳用具不洁所致。

【症状及诊断】 按临床症状和病程经过分为单纯性消化不良和中毒性消化不良。

（1）单纯性消化不良 病羔精神不振，喜卧，食欲减退或拒食，体温一般正常或稍低。排粪稀软或水样，浅黄色、灰白色或暗绿色，酸臭或腥臭，粪内含凝乳块或未消化的饲料。

（2）中毒性消化不良 病羔呈现严重的消化障碍和营养不良，重度脱水并酸中毒，以及明显的自体中毒等全身症状。病羔精神沉郁（图3-45），目光迟钝，食欲废绝，全身衰弱无

图3-45 病羔精神沉郁，腹痛，回头看腹（陈怀涛）

力，体温升高。严重腹泻，频排水样粪便，粪便内含有大量黏液或血液，并有恶臭和腐败气味。皮肤弹性减退，眼球凹陷。心跳加快、脉搏细弱，呼吸浅表急速。病至后期，体温多突然下降，四肢、鼻端、耳尖厥冷，终致昏迷死亡。

【治疗】 首先要消除病因，加强护理。采取食饵疗法和药物疗法综合治疗。

1）为了缓解胃肠道的刺激，可施行饥饿疗法。禁食（乳）8～10小时，自由饮服（或每天数次灌服）微温的淡盐淡糖水。

2）为了排除胃肠道的滞留物，对腹泻不严重的初发病羔可用油类（液状石蜡30～50毫升）或盐类（人工盐2～7克）缓泻剂缓泻，为防止肠内发酵、腐败可加入鱼石脂0.5～1克。

3）为了防治肠道感染，可口服链霉素0.25～0.5克，每天两次；或小檗碱0.1～0.2克，每天两次；或磺胺咪每天每千克体重0.1～0.3克，

分2~3次服。也可肌内注射庆大霉素，按每千克体重1~1.5毫克计量，每天两次；或卡那霉素，按每千克体重10~15毫克计量，每天两次。

4）为了促进消化机能恢复（腹泻缓和后），可选用胃蛋白酶、胰酶、淀粉酶各0.5克，加水适量一次口服，每天一次，连服5天；或内服乳酶生0.5~2克，每天2~3次；或口服干酵母5~10克，每天2次。

5）发生腹泻不止，排水样而无腥臭味粪便时可用收敛止泻药（如次硝酸铋1~2克口服，每天2~3次）。

6）全身支持疗法，可静脉注射5%~10%葡萄糖液、5%葡萄糖盐水或复方氯化钠液50~100毫升，为防止酸中毒可加入5%碳酸氢钠液5~40毫升，为防止低血钾可加入10%氯化钾液1~2毫升，还可加入安钠咖0.1~0.5克、维生素C0.05~0.2克及地塞米松磷酸钠注射液1~5毫升，对重症病羔具有良好的治疗效果。

对脱水不太严重的病羔可采用补液盐（氯化钠3.5克、氯化钾1.5克、碳酸氢钠2.5克、葡萄糖20克、常水1000毫升），自由饮服或灌服。

二十六、创伤性网胃腹膜炎

创伤性网胃腹膜炎是羊食入尖锐异物后，异物随食物进入网胃，刺入邻近膈肌的网胃壁，并进一步穿透膈肌，甚至可刺入心包，引起网胃炎、腹膜炎和心包炎等，从而引起消化系统和心脏功能严重障碍的一种疾病。

【病因】 羊误食的尖锐异物（如铁丝、铁钉、针或玻璃等）进入网胃后，在腹内高压的情况下（如瘤胃臌气、妊娠、分娩等），可刺穿网胃前壁、膈肌，伤及心包，甚至刺入心肌而引发本病。

【临床症状】 本病多见于牛，特别常见于舍饲的奶牛，山羊和其他反刍动物也可发生。病初病羊运步小心，食欲减退，反刍减少，有慢性前胃弛缓症状，瘤胃反复发生轻度臌气。在排便和起卧过程中，常出现磨牙、呻吟等疼痛表现，有的体温升高。当异物刺入心包时，病羊全身症状恶化，精神沉郁，体温升高可达40℃以上，肌肉震颤，心区有疼痛反应，心跳加快。当纤维素沉积于心外膜和心包内面时，出现心包摩擦音，如有大量液体渗出时，则出现拍水音等。后期病羊颈静脉怒张，胸前、颌下部出现水肿，体温降至常温。

【剖检病变】 当尖锐异物进入网胃后，可穿透胃壁，引起穿孔部发生炎症（图3-46），也可引起膈肌炎、瘘管和大小不等的脓肿。由于胃的收缩可使异物伤及内脏，从而引起腹膜炎、肠炎和肝炎等。如果尖锐异物刺入心包，则心包增厚、扩张，心包内积蓄大量污秽的纤维素-化脓性渗出物，其中混杂气泡，有恶臭味。心外膜被覆厚层污秽的纤维素性渗出物，剥离后见外膜混浊粗糙，有充血和斑点状出血。在心包腔炎性渗出物中或其他部位可发现尖锐异物。如异物刺入心室时可引起心包腔积血（图3-47）。

【诊断】 生前根据症状和病史，结合 X 线检查和金属探测仪进行诊断，死后剖检可进一步明确本病。

【防治】 本病的预防最重要，尤其要注意羊舍的清洁和管理，严防饲料中混入尖锐异物。一旦确诊，可做瘤胃切开术取出异物，同时使用大剂量抗生素（如青霉素、链霉素各100 万单位肌内注射，连用3 ~ 5天），并给予健胃、促进前胃运动和兴奋反刍的药物。如果引起创伤性心包炎或心肌炎时，病羊以尽快屠宰为宜。

图 3-46 网胃壁见铁钉刺入（甘肃农业大学兽医病理室）

图 3-47 一根铁钉从心包刺入心脏（↑），引起心包积血和炎症（甘肃农业大学兽医病理室）

二十七、乳 腺 炎

乳腺炎，是指乳腺组织、乳池、乳头的炎症性疾病，多见于泌乳期的绵羊、山羊，尤其奶山羊发病较多。其特征是乳腺发生多种炎症反应，并影响泌乳功能和产奶量。

【病因】 病因比较复杂，其中人工或机械挤奶时的机械刺激与细菌感染是重要原因，其他多种疾病如结核病、口蹄疫、羊痘等的发病过程中也可伴发乳腺炎。

【临床症状和剖检病变】 发生急性乳腺炎时病部乳房红、肿、热、痛（图3-48），泌乳量减少，乳汁性状改变，其中混有血液、脓液和絮状凝乳块（图3-49），呈浅红色，病羊体温可高达41℃。挤奶或羔羊吃奶时，病羊抗拒躲闪。食欲、瘤胃蠕动也受影响。如炎症转为慢性，病程延长，则乳房变硬，泌乳功能丧失。也可见形成脓肿和瘘管的化脓性乳腺炎，以及形成结节的肉芽肿性乳腺炎。

【诊断】 根据症状和病理变化可做出诊断，必要时可进行乳汁性状、成分和微生物检查。

图3-48 乳房潮红、肿胀、疼痛（贾宁）　　图3-49 乳房潮红、肿大，乳汁稀薄，其中有凝乳块（陈怀涛）

【预防】 注意挤奶时的操作技巧和卫生，羊舍应清洁并经常清毒，保持母羊乳房清洁。每次挤奶前用水清洗乳房、乳头，再用毛巾擦干。挤奶后用0.05%新洁尔灭溶液擦拭乳头。防止机械性或负压过大引起乳头管黏膜和皮肤损伤。干乳期可将抗生素注入每个乳头管中。

【治疗】

（1）消炎杀菌 病初用青霉素40万单位、0.5%盐酸普鲁卡因注射液5毫升、蒸馏水10毫升混合后，用乳头导管注入乳池内，轻揉乳腺，使药液分布于乳腺中，或将盐酸普鲁卡因青霉素溶液注入乳腺基部进行封闭。也可应用磺胺类药物。

（2）促进炎性渗出物消散吸收 炎症初期冷敷，2～3天后改用热敷，即用10%硫酸镁溶液1000毫升，加热至45℃，每天外洗热敷1～2次，连用4天。

（3）中药方剂治疗 当归15克、生地黄6克、蒲公英30克、金银花12克、连翘6克、赤芍6克、川芎6克、瓜蒌6克、龙胆草12克、栀子6克、甘草10克，诸药共研细末，开水调服或水煎灌服，每天1剂，连用5天。

【诊治注意事项】 本病的治疗应建立在正确诊断的基础上。只有病因查明，治疗才有针对性，疗效才会更好。如乳腺炎并发于其他疾病，应以治疗原发病为主。

二十八、乳头状瘤

乳头状瘤主要是发源于皮肤组织的一种良性肿瘤，其形状常为结节状或乳头状。

【病因】 乳头状瘤可由非传染性致瘤因素和传染性致瘤因素（病毒）引起。

【临床症状与剖检病变】 乳头状瘤可发生于体表任何部位的皮肤，较多见于头部、颈部、胸部和乳房。通常呈结节状或乳头状，凸出于皮肤表面。一般瘤体较小、数目较少，常单个存在，有时数目较多。质硬，表面不平或呈刺状。有时因摩擦而出血或化脓、坏死。切面见局部皮肤增厚并向外凸出，肿瘤中有一些致密结缔组织（图3-50、图3-51）。肿瘤如为病毒引起，可在某一部位有多个肿瘤发生。肿瘤主要由皮肤鳞状上皮凸起所组成，凸起中有结缔组织一并伸入。瘤组织表面常有明显的角化。

图3-50　乳头状瘤凸出于皮肤，质地硬脆，表面不平（甘肃农业大学兽医病理室）

图3-51　肿瘤切面可见皮肤向外生长成许多凸起，使肿瘤表面高低不平（甘肃农业大学兽医病理室）

【诊断】　根据皮肤上增生的肿瘤形态可做出诊断，也可制作组织切片以进一步确诊。

【防治】　非传染性单个小肿瘤对机体并无大的影响，一般不必治疗；如瘤体较大，可用外科手术方法切除。传染性乳头状瘤要注意保护皮肤，减少病毒对皮肤的致瘤作用。

二十九、淋巴肉瘤

淋巴肉瘤是淋巴组织的一种恶性肿瘤。

【临床症状与剖检病变】　家畜淋巴肉瘤按发生部位可分为多中心型、胸腺型、消化道型和其他解剖学形态；在细胞学上可分为干细胞型、网状细胞型、成淋巴细胞型与淋巴细胞型。

羊淋巴肉瘤国内外均有记载，常为多中心型，淋巴结广泛受害，以髂下淋巴结、纵隔淋巴结和颈浅淋巴结发病较多，脾、肝、肾和心脏也是较易受害的器官。皱胃、小肠等腹腔脏器也可能成为重要病变部位。胸腺型和皮肤型很少见。受害淋巴结增大、变形、质地坚实，表面可能有结节状隆起，切面呈灰白色或灰红色，或有出血、坏死区。脾增大、质硬，切面色浅，正常结构消失。肝、肾和心脏等常发生大小与数目不等的灰白色肿瘤结节，结节和周围组织界限较明显（图3-52～图3-54）。

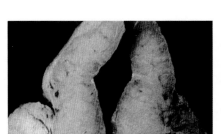

图3-52 山羊颈浅淋巴结淋巴肉瘤：淋巴结高度肿大、变形，为正常的数十倍，质地坚实，切面呈灰红色，可见有包膜的结节（薛登民）

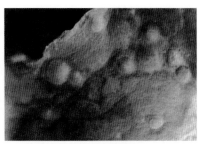

图3-53 肝脏淋巴肉瘤：肝脏表面有一些大小不等的圆形微隆起肿瘤结节，色灰白，界限明显（薛登民）

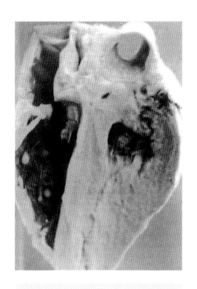

图3-54 羊心脏：右心内膜上有几个圆形肿瘤结节，呈灰白色（薛登民）

【诊断】 根据淋巴结和内脏多发性肿瘤的形态特征可做出初步诊断，确诊应做组织学鉴定。

【预防】 加强饲养管理，减少有害因素对机体的作用。本病尚无有效的预防措施，病羊应尽快淘汰。在疾病早期也可试用外科手术方法切除，但应注意，癌组织必须切除彻底。

三十、山羊肛门癌

山羊肛门癌是发生于山羊皮肤的一种恶性肿瘤，常见于甘肃、西藏和青海等地，国外也有报道。

【流行特点】 本病多发生于白山羊，杂色者较少发生，而黑山羊尚未发现。公、母羊均有可能发生，8 岁以上的老龄羊发生较多。发病率因羊群不同而异，一般为 10% ~ 20%，有的可达 20% 以上。本病发生的另一个特点是同群分布，而附近的羊群可能不见发病。

【临床症状】 肛门及其周围皮肤有或大或小的结节状癌瘤生长，因此病羊患部敏感，排便痛苦，严重时后躯下蹲似犬坐姿势。长期患病会使病羊精神沉郁，逐渐消瘦。

【病理变化】 病变主要位于尾根下、肛门及其周围皮肤，也可发生于肛门与阴门之间、阴门及其附近。无转移病变。肿瘤为单个或数个，初期呈小结节状，或局部皮肤变得粗糙，呈灰红色或灰白色，以后结节融合，形状不规则，或呈花椰菜头状，其表面粗糙（图3-55），并常因摩擦感染而出血、化脓或坏死，故常发出恶臭。组织上表现为鳞状上皮细胞癌变化，但癌珠罕见（图3-56）。

【诊断】 本病根据肿瘤发生部位采用眼观和组织学检查的方法可以确诊。

【预防】 本病的发生可能与紫外线过度照射有一定关系。因此，放牧时间应以早、晚紫外线较弱的时候为主。病羊应尽早淘汰。在疾病早期，也可试用外科手术方法切除肿瘤。

【诊治注意事项】 本病较易诊断，但注意勿与肛门部皮肤的外伤或其他病变相混淆。

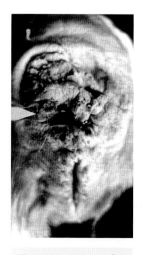

图 3-55 肛门（↑）
附近的皮肤高低不
平，局部组织坏死、
出血（甘肃农业大学
兽医病理室）

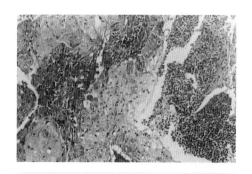

图 3-56 癌细胞连片成巢，未见癌珠形
成；癌细胞异型性较大，核仁明显，双
核仁者多见；癌巢间中性粒细胞大量浸
润，也见出血（HE×200）（甘肃农业大
学兽医病理室）

三十一、肝 癌

肝癌是发源于肝上皮细胞或胆管上皮细胞的一种恶性肿瘤。

【临床症状与病理变化】 早期症状不易觉察，随着疾病发展，病
羊出现食欲减退、逐渐消瘦、精神沉郁、行走缓慢和无力症状，有时结
膜发黄，病至后期多因肝功能衰竭而死亡。

（1）肝细胞性肝癌 肝表面和切面可见数量不等、大小不一的黄白
色肿瘤结节，与周围组织界限明显，但无包膜（图 3-57）。肝被膜下的
肿瘤经常向外凸出，致使表面高低不平。癌细胞聚成巢团状，排列散乱，
无结缔组织间质，但有不规则的血窦。分化程度高者，癌细胞有些异型
性，其形态与正常肝细胞较相似（图 3-58），一般不发生转移。低分化
或未分化性肝癌，癌细胞小，胞质少而色浅，胞核较大而色深，核仁不
清，癌细胞异型性大，常在肺、脾等脏器有转移性肿瘤。

135

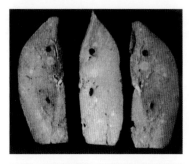

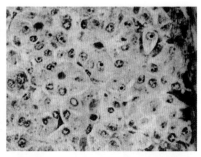

图3-57　肝表面和切面有许多大小不等的圆形黄白色肿瘤结节，其界限明显，但无包膜（薛登民）

图3-58　癌细胞与肝细胞有些相似，大而色浅，周围肝细胞（右侧）受压萎缩（HE×400）（薛登民）

（2）胆管细胞性肝癌　肝脏多不肿大，甚至缩小，有时部分肿大、部分缩小，质地坚硬，切面可见大量增生的、大小不一的胆管，较大的胆管中有黄绿色胆汁。癌细胞的形态类似肝内胆管上皮细胞，排列成团块或腺管形，管腔中可见黏液。胞核大，核仁清楚，常有较多核分裂象。

【诊断】　本病生前很难诊断，死后根据肝脏异常的结节状增生物可怀疑为本病，组织学检查能够确诊。

【预防】　肝癌的预防主要是加强饲养管理，杜绝饲喂霉变饲料。对已发病的羊可考虑及早淘汰。

三十二、血管内皮细胞肉瘤

血管内皮细胞肉瘤又称恶性血管内皮细胞瘤或血管肉瘤，是发源于血管内皮细胞的一种恶性肿瘤，羊、犬较多见，其他动物如猫、牛、马等也可发生。

【病因】　尚不明，可能与有些致癌物质对血管内皮细胞的损害有关。

【临床症状】　位于体表的血管肉瘤常呈结节状向外凸出，质脆，易出血、发炎、坏死。位于内脏者常呈多个发生。病初一般无明显症状，但至癌瘤中后期，动物常呈精神不佳，消瘦、贫血、体力下降，也会出现消化障碍等一般症状，但很难怀疑为本病。多数病例于屠宰时才被发现。

【病理变化】 脏器分布有大小不等的红色、暗红色或带灰白色的结节状病变，质地较硬实。镜检，肿瘤由恶性增生的内皮细胞构成，血管腔大小不等，形状不规则（图 3-59、图 3-60）。

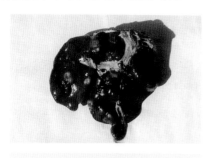

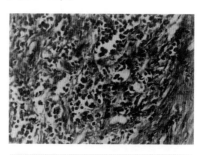

图 3-59 羊肝血管内皮细胞肉瘤：肝脏表面见大小不等的肿瘤结节，呈灰白色或黑红色，较大结节的中心常凹陷（陈怀涛，哈斯）

图 3-60 羊肝血管内皮细胞肉瘤：肝窦内皮细胞恶性增生，瘤细胞异型性大，有些向血管腔隙生长，甚至进入腔中，血管大小不一，管腔不规则，血管间有少量结缔组织（HE×400）（陈怀涛）

【诊断】 体表的血管肉瘤可以通过活检做出诊断，体内的肿瘤可在动物生前通过 B 超检查和 CT 检查做初步诊断。

【防治】 加强饲养管理，防止有毒有害的物质进入体内。加强皮肤保护，防止致癌物的损害。肿瘤早期，可通过外科手术彻底切除。

【诊治注意事项】 血管肉瘤为恶性，必须早诊断早治疗。诊断时应与炎性疾病、肉芽组织或其他肿瘤相鉴别。

附录　常见计量单位名称与符号对照表

量 的 名 称	单 位 名 称	单 位 符 号
长度	千米	km
	米	m
	厘米	cm
	毫米	mm
面积	平方千米（平方公里）	km²
	平方米	m²
体积	立方米	m³
	升	L
	毫升	ml
质量	吨	t
	千克（公斤）	kg
	克	g
	毫克	mg
物质的量	摩尔	mol
时间	小时	h
	分	min
	秒	s
温度	摄氏度	℃
平面角	度	(°)
能量，热量	兆焦	MJ
	千焦	kJ
	焦［耳］	J
功率	瓦［特］	W
	千瓦［特］	kW
电压	伏［特］	V
压力，压强	帕［斯卡］	Pa
电流	安［培］	A